活用一辈子的记忆术

记忆训练专家
张海洋 著

超级记忆力训练秘诀

中国纺织出版社

内 容 提 要

　　本书系统阐述了记忆力训练的意义以及记忆力训练的各种方法，这是我们在记忆力训练领域中，经过多年的实践、摸索、研究之后的深度思考结晶，无论对记忆力的学习者还是从业者，或是孩子的家长，相信都会有很好的启迪作用！

图书在版编目(CIP)数据

　　活用一辈子的记忆术：超级记忆力训练秘诀 / 张海洋著. —北京：中国纺织出版社，2013.8
　　ISBN 978-7-5064-9538-7

　　I. ①活… II. ①张… III. ①记忆术 IV. ①B842.3

　　中国版本图书馆CIP数据核字（2013）第002318号

策划编辑：王　慧　　　　　　　责任编辑：曲小月
特约编辑：刘　朔　　　　　　　责任印制：储志伟

中国纺织出版社出版发行
地址：北京朝阳区百子湾东里A407号楼　邮政编码：100124
邮购电话：010—67004461　传真：010—87155801
http: //www.c-textilep.com
E-mail: faxing@c-textilep.com
三河市延风印装有限公司印刷　各地新华书店经销
2013年8月第1版第1次印刷
开本：880×1230　1 / 32　印张：6.5
字数：112千字　定价：25.00元

凡购本书，如有缺页、倒页、脱页，由本社图书营销中心调换

前　言

对于许多人来说，记忆力大概就像一个"最熟悉的陌生人"。说它熟悉，是因为我们几乎每时每刻都离不开记忆力；说它陌生，是因为我们常常捉摸不透它，想提高记忆力却又感觉无处着手。

在这样一个信息爆炸、需要大量学习的时代，记忆力显得尤其重要。然而，许多人对于与自己的学习、工作、生活密切相关的记忆力，却没有足够的认识，更不懂得如何通过训练而提升自己的记忆力。这无疑是十分遗憾的。

记忆力是天生的吗？为什么我们记一些信息会很快，而记另外一些又很慢？记忆力究竟能不能提高？怎样才能有效地提高记忆力？这些是许多人所关心的问题。

本书将帮助你重新认识自己的记忆力，让你对自己的记忆力有更系统、更深入的了解，从而更好地发掘自己的记忆潜能，让学习变得更有效率。

本书与其他记忆书的区别在于，并没有过多地讲解各种细致的记忆方法，而是全面深入地揭示了记忆力的奥秘，让读者对自身的记忆力有更多的了解。同时本书紧紧地围绕着"有效提升记忆力"这一核心，对记忆力训练的各种关键问题进行了详细的论述，提出了完整的记忆力训练体系，帮助读者持续有效地对自己的记忆力进行训练。

提升记忆效率的方法有很多，然而，如果我们没有经过系统的记忆力训练，记忆技巧的运用不够灵活，那么，即使再好的方法也难以发挥最大的效果。因此，本书反复强调记忆力提升的关键在于训练，希望读者能够更多地重视练习、训练。而在进行记忆力训练的过程中，不仅能够有效地提升记忆力，对于其他重要的学习能力，例如注意力、理解力、想象力等，都会得到有效的提升。

人们常常愿意在学钢琴、学画画、学英语等方面花费许多时间，然而，如果能多花一些时间来训练记忆力，那么，我们的人生或许会收获更多的惊喜！

目录 Contents

第一章 神奇的记忆术
Chapter one

神奇的记忆术————————2

五种超级记忆术————————7

成为记忆达人很简单————————15

左右脑联动图像记忆————————18

记住顺序，你也是天才————————22

精确记忆与粗略记忆————————27

回忆过去，巩固记忆————————30

多种记忆方式综合运用————————34

第二章 快速提升记忆力的关键在于训练
Chapter two

图像记忆三板斧————————38

记忆力需要经过系统训练来提升————————44

记忆要有针对性————————47

先慢后快的图像记忆————————51

了解记忆术的重要性————————58

记忆术的真正价值 —————— 61

学习记忆法的最大价值 —————— 63

训练和积累相互促进 —————— 65

孩子们背诵的东西究竟是太多还是太少？ —————— 68

第三章 快速提升记忆力的基础是注意力训练
Chapter three

注意力训练的六大环节 —————— 74

六大学习能力 —————— 77

注意力受我们的内心掌控 —————— 81

第一注意力：情感冲击 —————— 84

第二注意力：动态画面 —————— 89

第三注意力：积极思考 —————— 92

第四注意力：快速学习 —————— 95

提升注意力的其他方法 —————— 98

第四章 快速提升记忆力的核心是想象力训练
Chapter four

想象力是六大学习能力的核心 —————— 105

主动想象的威力 —————— 110

照相记忆与波动速读 —————— 116

想象力训练四大原则 —————— 121

闭目学习法 —————— 127

闭目学习的重要性 —————— 131

第五章
迅速提高记忆力的最新技巧
Chapter five

数字记忆训练的重要意义 ———— 143

重新定义记忆大师 ———— 147

高效学习方法的核心是关键词 ———— 153

常见问题解答 ———— 157

第六章
让孩子成为过目不忘的记忆达人
Chapter six

记忆力训练模式的演变 ———— 166

成绩导向的记忆力训练课程 ———— 172

能力导向的记忆力训练课程 ———— 179

0~6岁的早期教育 ———— 185

四大教育 ———— 191

常见问题解答 ———— 195

CHAPTER ONE

神奇的记忆术

第一章

你走到路中间，不知道汽车可以把你
撞飞；你爬到高楼上，不知道掉下去是会
……

神奇的记忆术

记忆力对一个人来说有多重要？如果在你所拥有的各种能力（例如，表达能力、计算能力、管理能力、视力、听力、身体活动能力等）之中，你只能保留一种，那么，但愿你能聪明地保留记忆力，否则的话，后果不堪设想。

如果失去记忆力，人类将会怎样？

想想看，如果某一天，你失去了所有的记忆力，也就是说，你的记忆力等于零——这意味着你以前所学习过的、所经验过的，统统消失了，而且你无法学会任何东西——那么，这将是一件最为可怕的事情：

你所接触到的任何物品，全都不会用；别人对你所说的话，根本听不懂；身边的所有亲友，都像陌生人，甚至你连"人"这个物种都不认识；你口渴的时候，不知道要去喝水；你肚子饿的时候，不知道什么东西是可以吃的；你走到路中间，不知道汽车可以把你撞飞；你爬到高楼上，不知道掉下去是会……

总之，记忆力是我们最亲密的伙伴，是我们人生的保护神，我们无时无刻不在使用着记忆力，如果我们没有了记忆力，那可真是寸步难行！

虽然，人们很少会担心彻底失去记忆力，但大部分人总是希望自己能够拥有出色的记忆力，尤其是在进行学习、面临考试的时候。

要想拥有出色的记忆力，首先就要对记忆力有充分的了解。然而遗憾的是，大多数人对于记忆力，可以说是一无所知。

在许多人的印象中，记忆力似乎就是一个单纯的东西，记忆力就只有一个，要么觉得记忆力还不错，要么觉得记忆力不太好，或者有时候比较好，有时候又不太好。

事实上，人的记忆力并不是单纯的一种，而是由很多种功能各不同的记忆力所组成。有些记忆力比较常用，有些则不那么常用；有些记忆力效率很高，而有些比较低；有些记忆力在我们小的时候比较好用，有些则在成年之后比较好用。

就像蚂蚁，粗看上去，一大片没有多大区别，然而，这些蚂蚁之中，还分为工蚁、兵蚁、雄蚁、蚁后等，每种蚂蚁担负着不同的职责。

要想全面了解记忆力，首先得从了解我们自身开始。

　　按照佛家的说法，人有六根，也就是眼、耳、鼻、舌、身、意，人们通过这六根来与外界进行接触。

　　每一根所接触的信息，都有不同的记忆方式。

　　眼睛看到外界的东西，这属于视觉记忆；耳朵听到外界的东西，这属于听觉记忆；鼻子闻到各种气味，这属于嗅觉记忆；舌头尝到各种味道，这属于味觉记忆；身体（包括皮肤、肌肉、五脏六腑等）所接触到的各种信息，属于身体记忆；"意"是指思维，大脑组织各种信息进行思考的时候，也会形成相应的记忆。

　　这六根所接收到的信息，都会第一时间送到我们身体的一个中央决策区进行鉴别，这个中央决策区就是我们的内心（可以看成一团能量，而不是解剖学意义上的心脏）。

　　当所有的这些信息在中央决策区进行处理的时候，如果我们的内心发现某些特别的信息，心中就会一动，而我们内心的这一动，就产生了情感。我们的内心通过各种情感（例如喜怒哀乐）来提示我们，某个信息对我们是重要的（例如在人群中看到了自己想找的人，心中就会一动）；或者提示我们，某个信息是我们渴望的（例如在沙漠中看到了水，内心就会高兴）；或者提示我们，我们正处于危险之中（例如看到蛇或者老虎，胸中会怦怦直跳）；又或者提示我们，某个信息对我们造成了伤害（例如听到别人责骂自己的语言，就会愤怒或者伤心）等。

　　内心所产生的这种种情感，就会形成情感记忆。这些情感，佛家也称为"末那识"，也就是第七识。

我们通过眼耳鼻舌身意等六根所接触到的信息，以及通过内心所产生的情感，这所有的信息，统统储存在佛家称之为"法身"的地方。这个法身，就是第八识，也称为"阿赖耶识"或者"含藏识"，其实就是我们身体里不断循环流动的生命能量（也就是在周身经络穴位中流动着的"气"）。

我们所有的记忆，都储存在周身的生命能量之中，当这些能量循环流动的时候，某些信息就会自动地冒出来。因此，即使我们不刻意去想什么东西，我们的大脑中总会不断地有各种记忆片段飘过，即使我们睡着了，也常常会通过梦境显现出来。

眼耳鼻舌身意等六根所产生的记忆，可以再细分。

视觉记忆，还可以细分为文字记忆、形状记忆、颜色记忆、空间记忆、动作记忆、图像记忆（也就是记忆一些生动的画面）等。

听觉记忆，还可以细分为声音记忆（就是一般的说话声音）、节奏记忆、音乐记忆等。

嗅觉记忆和味觉记忆，都可以根据不同的气味、味道特点进行细分，有些气味、味道我们比较容易记住，有些则比较难记住；有些气味、味道我们比较敏感，有些则不那么敏感。

身体记忆，还可以细分为触觉记忆、痛觉记忆、运动记忆、细胞记忆等。

大脑思维的时候所产生的记忆，主要就是理解记忆以及图像记忆，例如，理解一些道理、想象一些画面等。

内心所产生的情感记忆，在一定程度上倒是没有必要再细分了。

以上这么多种记忆方式，在不同的情况下会有不同的运用，而我们在学习的时候经常用到的，主要就是5种，分别是：

声音记忆：例如，我们学说话、朗诵课文、背诵英语单词等。

文字记忆：例如，记住生字的笔画顺序、记住英文字母的写法等。

图像记忆：例如，记住视频短片的内容、记住大脑中的想象画面等。

理解记忆：例如，听了一个新鲜的道理之后，通过理解而记住它。

情感记忆：有趣的、好玩的知识或者事情，我们常常会比较容易记住。

以上这5种常用的记忆方式，根据我们所学习的资料的不同，有时候主要运用其中一种记忆方式，有时候则会几种记忆方式同时使用。

五种超级记忆术

接下来，我们来了解一下这五种常用记忆方式的记忆效率，看看哪些记忆方式的效率比较高、哪些比较低。

1.情感记忆

记忆效率最高的是哪种记忆方式呢？想想看，有什么东西，只是发生过一次，我们就一辈子无法忘记的呢？毫无疑问，那就是情感！所以，情感记忆是效率最高的记忆方式。

我们可以回忆一下，这辈子之中，有什么事情是让自己记得最牢、最难以忘记的呢？如果你把自己印象最深刻的10件事情列出来，就会发现，这些事情大都是跟情感有关的，而且，正是其中所蕴涵的强烈情感，让你一直无法忘怀。

在学习的时候，如果某些内容能够引发我们的情感，那么，这些内容就可以轻松地记住。

例如，学习一首诗，这首诗里所蕴涵的情感，引发你强烈的共鸣，那么，这首诗你就可以很容易记住。

又例如，学习历史，如果其中某个故事你特别感兴趣，你就可以很轻松地记住它。

再如，学习英语，如果你对英语特别感兴趣，那么，你可能就会比那些对英语不太感兴趣的人学得要好。

不过，一般来说，我们所学的东西，尤其是那些比较难的专业资料，很少能够唤起我们强烈的情感，换一个角度说就是，事实上，我们经不起持续的、强烈的情感冲击。

所以，如果能有一些方法，让我们所学的东西变得更有趣，那种有趣的淡淡的情感，也能够对提高我们的学习效率、记忆效率有很大的帮助。

2.图像记忆

记忆效率同样很高的，就是图像记忆。

图像记忆，主要指那些生动活泼的画面或者故事。我们在看小说、看电视、看电影的时候，主要用的就是图像记忆。

我们看完一部精彩的电影，即使不刻意去复习，过了一个星期、甚至一个月或者一年，再来回忆的话，许多内容仍然清晰生动、记忆深刻。

或者我们可以回想一下昨天、前天、甚至许多天前所经历的事情、所做过的事情，大部分都可以很清晰地回想起来。

我们看完一篇小说（尤其是情节生动的小说），即使过了很长时间，我们仍然能把那些精彩生动的情节、场面回忆出来。

这时，我们的大脑是把小说中生动的情节，抽象后具化为生动的画面，然后存储下来。所以，这也是图像记忆的一种方式。

这说明，我们的图像记忆能力是非常强大的。

3.理解记忆

还有一种效率非常高的记忆方式，那就是理解记忆。

老师讲了一个物理原理，例如杠杆原理，用小的力气可以撬起很重的东西。通过讲解和实验，我们很快就理解了，于是记住了，而且基本上一辈子不会忘记。这就是理解记忆。

在大部分情况下，理解记忆的本质其实是图像记忆。

例如，政治是一门很抽象的学科。一个老师，如果照着书本来念的话，同学们很难理解，也就很难记住。然而，如果另一个老师，他可以举出很生动的案例，或者历史故事、或者身边的事情，来讲解某个政治观点的话，我们头脑中形成了生动的图像，也就可以很容易去理解这个观点了。

我们来看《易经·序卦传》里的这段话："有天地然后有万物，有万物然后有男女，有男女然后有夫妇，有夫妇然后有父子，有父子然后有君臣，有君臣然后有上下，有上下然后礼仪有所错。"

这段话要记的其实是"天地、万物、男女、夫妇、父子、君臣、上下、礼仪"这几个词语的顺序，我们一般通过理解记忆的方式就能把这些词语的顺序记住，不需要死记硬背。你可以仔细回忆一下，当你运用理解记忆的方式来记这些词语的时候，大脑中是不是会主动去构思一下图像？假如没有这些隐隐约约的图像，那我们是很难运用理解记忆的。

因此，理解记忆的效率其实是跟图像记忆差不多的，大脑中所形成的图像越生动、越有趣，就越容易理解，同时越容易记住。

4.声音记忆

声音记忆，是我们在学习中最常用到的一种记忆方式。然而，声音记忆的效率是非常低的，我们常说的"死记硬背"就是指的声音记忆。

当我们背课文、背单词的时候，其实我们记住的主要是声音。

例如，要记住memory（记忆）这个单词的字母拼写，我们就会不断地重复默念：m、e、m、o、r、y——记忆，反复很多遍，直到记住。这个时候，我们所记的，其实是这些字母的发音。

纯粹的声音是很难记的。

然而，人们大多数时候，就是依靠反复朗读来记住所学文章、资料的。

不过，很多时候，我们所学的文章、资料，往往有一定的图像感，所以能够同时运用理解记忆来进行配合。图像感越强的短篇诗词、文章，理解记忆发挥的作用就越大，稍微读几遍就能记住。相反，那些比较抽象的资料，理解记忆难以发挥，那就需要读很多遍才能记住了。

5.文字记忆

最后一种，文字记忆，在我们小时候的识字阶段用得比较多。

例如这个字："鼋"，发音跟"元"一样。如果我们通过一笔一画的顺序来记住它的写法，那么，运用的就是文字记忆。

文字记忆其实也可以看成形状记忆的一种，就是记住文字的形状，不过这跟形状有所不同的是，形状主要是一种整体记忆（例如，记住一个人的脸型、体型等），而文字记忆主要是指文字笔画的顺序。

如果我们把"鼋"这个字拆分为3个部分：元、口、电，这个时候，运用的就是理解记忆了。

这样来看，一笔一画的文字记忆，其效率是远低于把文字拆分为几个部分的理解记忆的。因此，文字记忆的效率往往比较低。

我们在学习的过程中，有时候会学到一些符号，例如"+、&、@"等，还好这些符号不是很复杂、也不是特别多，所以还能应付得过来。

以上这五种常用的记忆方式，如果按照记忆效率来看的话，由强到弱依次是：情感记忆>图像记忆>理解记忆>声音记忆>文字记忆。

这五种记忆方式之中，情感记忆、图像记忆、理解记忆的记忆效率都是非常高的，而声音记忆和文字记忆的记忆效率，就低得多。

其中，声音记忆在幼儿时期，尤其是0~6岁这个阶段，记忆效率还是不错的，所以我们小时候学母语不需要费什么工夫，小时候背东西也特别快。但长大之后从中学开始，尤其是开始工作之后，声音记忆的效率就大幅下降，所以会感到记东西比较吃力。

我们在日常的生活中，用得最多的应该是图像记忆，因为每天睁开眼睛，看到的人、事、物，基本上都是生动活泼的，都会通过图像记忆的方式不经意地记下来，晚上看电视的时候，也主要是运用图像记忆。

而在进行学习的时候，捧起书本看，常常会用到理解记忆（背单词除外）。然而当面临考试的时候，所考的内容往往都是需要精确记忆的，所以，为了应付考试而进行背诵的时候，用得最多的就是声音记忆了。

小孩子刚读书认字的时候，文字记忆用得也比较多，过了认字的阶段，在学习中就相对用得比较少了。

情感记忆主要在日常生活中用得比较多，而在学习中，主要是通过影响注意力而影响到其他记忆方式效率的发挥。很多时候，一个人某些知识（例如英语）记不住、学不好，往往是因为他的兴趣调动不起来，注意力无法长时间集中在所学的知识上。

大部分人基本不会担心情感记忆、图像记忆的记忆效率，一方面，这两种记忆方式效率比较高；另一方面，大多数考试基本上不会考情感记忆的内容，也很少会考那些充满画面感的内容。

大部分人抱怨自己记忆力不好的时候，往往指的是声音记忆能力，例如要背课文或背单词，读了很多遍，就是记不住，或者记住了又很快忘记了。

而有些人觉得自己天生记忆力就好，这指的往往也是声音记忆能力，背东西很快。不过，许多在年轻时候声音记忆力很好的人，到了工作之后，同样会发现自己的记忆力下降得厉害，以前读几遍就能记住的资料，现在读很多遍也不一定能记得全。

传统的心理学所研究的主要是声音记忆，而比较少研究其他的记忆方式，尤其是图像记忆。艾宾浩斯的记忆遗忘曲线，主要也是针对声音记忆的。根据艾宾浩斯的遗忘曲线，用死记硬背（主要是声音记忆）的方式来记的抽象资料，如果不及时复习的话，在24小时之内就会忘记70%。例如，你今天背了10个新的英语单词，全都记住了，如果没有进行复习，那么，到了明天，你能想起的单词就只剩下3个了，换句话说，另外7个单词就已经忘记了。可见，声音记忆的效率是非常低的，难记而又易忘。

但如果换成图像记忆，或者情感记忆，那么，遗忘曲线就完全不是这个样子了。例如，我们看过的电影，只看一遍，一个月之后，或许还能想起70%的内容。

事实上，即使声音记忆能力比较差的人，他的情感记忆和图像记忆能力也是非常好的。所以，如果觉得自己的记忆力差，最好能仔细分辨出到底是哪种记忆力比较差，如果是声音记忆，就可以说自己的声音记忆能力相对比较薄弱，而不要笼统地说自己的记忆力差，以免把自己其他非常优秀的记忆能力也全面否定了，让自己平白无故地失去了自信心。

成为记忆达人很简单

对大部分人来说，他们真正想提高的是声音记忆能力。

因为在应付考试的时候，声音记忆用得最多，但它的记忆效率比较低，这是最令人头痛的。

如果考试的方式是放一部电影，然后让大家把主要内容回忆出来，那么，估计大部分人都不会存在记忆效率的困扰。

然而现在的考试，往往就是考那些比较抽象的、需要用声音记忆的、又比较难记住的东西。

所以，那些对自己的记忆力比较苦恼、而希望提升记忆力的人，他们其实是希望能够提升自己的声音记忆能力。

然而，很遗憾的是，一个人的声音记忆能力，从出生开始到学龄前6岁左右的那段时间，是最好的——因为那段时间我们需要运用声音记忆来学习母语。大致上来看一个人的声音记忆能力，出生时是最好的，然后慢慢走下坡路，越来越差。

这个是自然规律，我们无法违背。

那么，有没有什么方法能够让我们在长大之后，把声音记忆的能力训练得非常棒，无论什么东西，读个几遍就能轻松记住，而且不容易忘记呢？例如，英语单词，读几遍就能牢牢记住，不会忘记，考试的时候能回忆出来，要跟外国友人交流的时候还能够回忆得出来。

到底有没有能帮助我们提高声音记忆能力的方法呢？

在声音记忆随着年龄而不断下降的自然规律下，还希望能提高声音记忆的能力，这就像我们随着年龄增长一天天变老而渴望返老还童一样。

不过，值得高兴的是，这样的方法确实存在！

我们知道，佛教的《大藏经》，共有一万多卷，记录的是佛祖几十年讲经说法的内容，这些内容，都是在佛祖涅槃之后，由弟子们根据记忆整理出来的。想想看，如果没有惊人的声音记忆能力，怎么可能记得住这么多内容？

对于成人而言，要训练出这样的记忆能力，需要每天参禅打坐，经过十数年甚至数十年的努力，达到了一定的境界，或许才能做到。一般人想要提高记忆力，只是为了应付考试，估计是不愿意花这么多工夫的，因为即使数十年之后真的能做到"过耳能诵"的神奇记忆，那个时候也早就不需要应付考试了。

对于心性比较单纯、右脑想象力还比较旺盛的孩子们，尤其是小学阶段的孩子来说，可以通过训练他们的右脑清晰想象力，从而有效地提升他们的整体记忆能力（当然其中也包括声音记忆能力）。不过，无论如何，声音记忆的能力总会随着年龄的增长而衰退，即使小学阶段能训练得比较好，到了初高中以后，随着右脑清晰想象力的减退，记忆力也难免会随之减退，因此也不是长久之计。

看来，我们只能另辟蹊径了。

我们最终的目的是应付考试，只要能把要掌握的知识记住就行，何必一定要用声音记忆呢？如果用别的记忆方式能达到同样的效果，那不也很好吗？

在这5种常用的记忆方式之中，效率很高而且很好用的，就是图像记忆。

如果我们有方法，把原本需要反复读诵的东西，在大脑中变成生动活泼的画面，能够运用图像记忆的方式来记，那么，记忆效率岂不是能够大大提升？

从低效率的声音记忆，转变为高效率的图像记忆，这就是提升记忆力的真正秘诀！

左右脑联动图像记忆

图像记忆的原理，就是运用神奇的想象力，把需要记忆的各种资料（包括中文、英文、数字等），在我们的大脑中转化为生动活泼的动感图像，从而轻松牢固地记住它们。

简单举个例子，这里有15个词语需要记忆（按顺序记忆）：

长江、宝剑、苹果、袋鼠、手机；

老虎、西瓜、蜜蜂、森林、兔子；

石头、核桃、神仙、瓶子、珍珠。

对于这组词语，如果按照往常那样运用声音记忆来记的话，会把第一排的5个词语读几遍，记住了之后，再把第二排的词语读几遍，然后读第三排。当我们读到第三排的时候，会发现一个情况，就是第一排的词语好像又忘记了，于是还得回去复习一下。就这样需要来回好几遍，才能把这些词语记住。然而，记住了之后，过不多久（例如，过十几分钟、几个小时、一天），会发现有些词语又忘记了，得重新回去记。

记得慢，又忘得快，这就是声音记忆的特点。这些简单的词语尚且如此，遇到更复杂的资料，就更加难办了。所以，为什么许多人对于要记的东西，总是感到很头痛，实在是声音记忆的效率非常低的缘故。

现在，我们运用图像记忆的方法来试一下，展开想象力，在大脑中形成动感的画面，例如可以这样想（请跟随着下面的文字在大脑中展开生动的想象，而不是单纯地用声音默读）：

长江里飞出一把宝剑，宝剑砍下了一个苹果，苹果掉下来砸中了袋鼠，袋鼠从口袋里掏出一个手机给老虎打电话，老虎正在吃西瓜，从西瓜里飞出一只蜜蜂，飞到森林里面，森林里有一只兔子，兔子拿起一个石头，砸开了一个核桃，从核桃里蹦出一个神仙，神仙手中拿着一个瓶子，瓶子里装满了珍珠。

好了，如果你刚才跟着文字来展开想象的话，现在不妨闭上眼睛，回忆一下，看看是否能够把这15个词语全都按顺序回忆出来？

我们相信，刚才只要稍微展开想象力，只需要想一遍，就能毫不费力地把这些词语全部按顺序记住。而且，如果你有兴趣，过一段时间（例如，几个小时、一天、一个星期）再来回忆一下，你就会惊奇地发现，这些词语仍然可以很准确地回忆出来，真的很难忘记。

事实上，在我们运用图像记忆的时候，我们在脑海中仿佛看到（有些人或许可以清晰地看见）了许多生动的画面，脑海中不需要念念有词、不需要有任何声音，就能够很轻松地把这些图像一个个地记下来。这就是图像记忆的威力！

就这样，我们通过运用想象力，把原本习惯性运用的声音记忆，转化为图像记忆，我们的记忆效率就获得了大幅度的提高！

我们在学习中所要记的资料，原本主要是运用声音记忆来记的，现在，我们换一种方式，巧妙地运用图像记忆来记，效率就提高了很多。也就是说，其实并不需要去提高我们的记忆能力（声音记忆），只需要换一种高效率的记忆方式（图像记忆），就可以达到非常好的效果。

对于小学生而言，由于他们的右脑清晰想象能力还没有退化，因此也可以直接针对他们的声音记忆能力进行训练，这样不必转变记忆方式就能提升记忆效率。然而，图像记忆还有很多好处（后文再详细讲），总体而言其效果会比直接训练声音记忆力更好，所以，还是应该以图像记忆为主。当然，如果两者能够配合起来，效果会更令人惊喜。

有些人可能会有疑问，对于"苹果"这样的具体词语，很容易能够在头脑中展开想象，但如果碰到一些抽象的资料，例如"经济"这样的抽象词语，或者像"memory"这样的英文单词，又或者像"84"这样的抽象数字，我们怎样展开想象力呢？

　　面对抽象的资料，自然有许多方法可以把它们转化为生动的图像，例如谐音法、代替法等，不过，因为本书主要是讲记忆力训练的原理，而不是讲图像记忆的方法，所以，这里就暂时不展开论述了。

记住顺序，你也是天才

提升记忆效率，真正要解决的问题，是如何记忆顺序。

例如前面的那15个词语，这些词语我们都认识，我们所记不住的，只是这些词语排列的先后次序而已。

对于一篇文章同样如此，一篇文章，里面的字词我们都认识，不需要去记那些字词，真正让我们头疼的就是这些字词的排列顺序。

记忆英文单词同样如此，例如这个单词：method（方法），这里每个字母都认识，字母本身不需要去记，我们真正要记的就是m、e、t、h、o、d的这样一种字母排列顺序，你要能清晰地回忆出第一个字母是什么、第二个字母是什么……一个都不能错，才算是把这个单词的拼写真正记住。

对于没有什么关联性的信息，我们就只能运用"条件反射"这种最基本的方式去进行记忆。例如这个单词：dictionary（字典），我们要反复默念d、i、c、t、i、o、n、a、r、y，默念的次数多了，自然形成条件反射，也就记住了。然而这种缺乏情绪联结的条件反射不牢固，记住了之后，又容易忘记，所以是难记而易忘。

这种纯粹依靠条件反射来进行记忆的方式，就是我们通常所说的死记硬背。

我们知道，记忆可以分为短时记忆和长时记忆，提升记忆效率，就是要把短时记忆的东西尽快地变成长时记忆，这样，当我们需要用到这些信息的时候，就可以很快地回忆出来。

如果一串信息，它们之间形成的条件反射并不牢固，那么就很难进入长时记忆。死记硬背，就是因为信息之间的条件反射不牢固，所以需要大量的重复、反复的复习，然后才能慢慢建立牢固的联结，从而才能转入到长时记忆之中。

要更好地记忆信息之间的顺序，提升记忆效率，主要的原理就只有两个：一个是巧妙地减少信息量；另一个就是增强这些信息之间的关联性。

怎样减少信息量呢？

例如这个单词：hesitate（犹豫），这个单词里共有8个字母，也就是8个信息。然而，如果我们把这个单词分为这样3个部分：he（他）、sit（坐）、ate（吃——eat的过去式），这3个部分我们都是熟悉的，所以也就相当于变成了3个信息，这样，所要记的信息就大大减少了。把所要记的信息进行划分归类，找出我们所熟悉的部分，这就是减少信息量的方法。

怎样增强信息之间的关联性呢？

图像记忆，就是增强信息之间关联性的很好方法。例如，兔子、石头、核桃，3个信息之间本来没有什么关联性，但如果我们发挥想象力，想象一只兔子拿起了石头去砸核桃，那么，这些信息之间就产生了关联性。我们想到兔子的时候，就自动会联想起石头，想到了石头，就自动会联想起核桃。

图像记忆，可以通过联想让原本没有任何关联的信息产生关联，想起第一个，就能想起第二个，然后第三个、第四个……于是就可以轻松地记住这些信息的顺序了。

通过这些联想，信息之间有了紧密的联系，一连串的信息都可以紧密地联结起来，所以，这些信息能够很快地转入长时记忆之中，不需要太多的复习和重复，因此就大大地提升了记忆的效率。

相比而言，声音记忆之所以效率低，就是声音信息之间没有什么关联性，只能依靠多次重复形成条件反射，而且很难转入长时记忆，因此效率很低。

图像记忆是很灵活的，每个人都可以自由地发挥想象力，例如，你也可以这样想：兔子不小心撞到了一块大石头，结果从石头里蹦出来一个核桃。

还可以这么想：兔子举起了一块大石头，结果从石头里飞出了一个核桃……

　　简单的几个信息，都可以发挥出无穷的想象力，而这个想象过程越幽默、越好玩、越搞笑，我们就越容易记住。所以，运用想象力去进行记忆，有很大的发挥空间，可以通过调整想象过程，而让记忆效率越来越好。

　　同时，声音记忆比较呆板，不像图像记忆那样有主动灵活的调整空间。如果你用声音记忆去记那3个词语：tuzi、shitou、hetao，只能通过反复去读而被动地形成条件反射，很难主动去改善记忆效率。

　　声音记忆与图像记忆的差别，不仅表现在记忆效率上，同时表现在主动性上。声音记忆是被动的重复，用得越多，就显得越呆板。而图像记忆充满主动的创造力，用得越多，就越灵活、越有创造力。

　　小学阶段的孩子还是比较有灵气的、比较活泼的，到了初中以后，尤其是高中的时候，就变得死气沉沉、毫无活力了，这跟死记硬背的学习方式其实有着很大的关系。孩子们天天都在大量重复着毫无创造性的机械学习，想象力越来越衰退，思想越来越僵化，生命活力自然就会一天天消失了。

　　通过联想来增强信息之间关联性的方法有很多，除了刚才的串联联想的方法之外，比较常用的有数字定桩法。

　　例如要记这样几个词语：摇摆、游泳、棉花、冲锋、蔬菜。

　　我们可以用数字1、2、3、4、5的象形图作为桩子。这几个词语之间是没有关联性的，而数字本身是按顺序排列的，我们用有顺序的数字作为工具去记忆没有顺序的资料，这就是一种灵活的方法。

当然，数字本身是抽象的，难以展开联想，因此我们需要先把数字变成生动的图像。例如数字1像一棵树，数字2像鸭子，数字3像耳朵，数字4像红旗，数字5像钩子……

这样，我们就可以展开联想了：

树被风一吹，就不停地摇摆；鸭子在池塘里游泳；耳朵里塞了一团棉花；红旗一挥，士兵们就开始了冲锋；钩子钩住了一袋蔬菜。

从1到5的顺序我们已经是很熟悉了，把这些数字的图像作为桩，把要记的信息依次放在这些桩子上，这样就很轻松地把这些信息的顺序记住了。

可以用来作为记忆桩的东西有很多，例如，语句桩、地点桩、身体桩、人物桩等，这里就不一一列举了。

精确记忆与粗略记忆

粗略记忆好记，而精确记忆难记。

看完一篇文章，如果让你复述大概的内容，这个比较好办，因为这是粗略记忆，根据自己头脑中的粗略印象说出来就可以。但如果让你把文字从第一个字开始一个不漏地背出来，这就很难了，因为这需要用到精确记忆。

你新认识一个朋友，记住了他的某些特征，下次见到他的时候，还能认得出来，这是粗略记忆。但让你把他的样子画出来，就很难办到了，因为你很难精确地记住他的五官外形。

粗略记忆可以进行大量的记忆，但精确记忆不适合大量记忆。

例如，你参加一个晚会，几个小时的时间，足够你跟数十个陌生人成为朋友，即使隔很长的时间再次见到，你也会有印象。

但是，同样这几个小时的时间，让你把其中某个人的细致特征全部记住，包括他的五官特征、他的神态表情、他的穿着打扮等全部记住。过几天之后，让你凭回忆把这个人生动地画出来，即使你是个画家，估计也不太容易办到。

声音是以音节为单位，而且是一个个地线性接收，所以是精确记忆。例如，我们说到熊猫的时候，"熊猫"的发音是精确的，"熊"字是xiong发第二声；"猫"字是mao发第一声。

但脑海中老虎的图像是粗略的，你想到一只老虎的时候，只是想到它的大概样子，至于它的体积、毛色、神态、动作等，就没有想得那么仔细了，除非真的要画画的时候，才会花很长时间来慢慢想。

例如《西游记》中孙悟空与二郎神大战了好几个回合，我们只能大概记得他们相互打斗的场面，但具体到细致的动作，例如，悟空第一棒是往哪里打、二郎神怎样抵挡，两人的身体姿势和具体动作是怎样的，这些细致的东西就很难按顺序清晰地记住了。

耳朵所接收到的信息往往是很有限的，一句话，多的也就是十多个字所组成，也就是十多个信息，所以能够进行精确记忆。

然而，眼睛所接收到的信息是海量的。一眼看去，就有数不清的信息，例如，色彩、斑点、线条，所以无法精确。例如电影，我们能记住的是大概的情节，却无法记住表情动作、画面、色彩、线条等细节。

即使眼前只有一棵树，好像只有一个信息，但是，这棵树有多少条树枝、有多少片叶子、每片叶子的颜色形状如何，这些信息加起来就是非常恐怖了，根本没有办法去进行精确记忆，因此只能进行模糊处理，回忆的时候只能回忆出这棵树的大致形态，不可能回忆出那些叶子的位置、形态、颜色。相同时间内所能吸收的最大信息量，眼睛是耳朵的一百万倍以上，这就是耳朵能精确记忆，而眼睛只能模糊记忆的原因。

精确记忆的短时记忆容量很小，只有7个左右。例如我们要记一串数字：8520698，这里只有7个信息，基本上读一遍就能记住（当然，这个时候用到的是短时记忆）。然而如果这么长的一串数字：637950183291352806……要记这么长的信息，你就不得不分开几个部分来记了，而每个部分的数字就是7个左右，多了就记不住。

然而，粗略记忆的短时记忆容量非常大。一部电影看完，我们可以连续记住海量的丰富信息，而不需要每7个就去复习一下。

声音记忆是一种精确记忆，短时记忆容量很小，只有7个左右，同时，要把这些声音信息从短时记忆转化为长时记忆，还需要重复很多遍并且需要经常复习才行。

而图像记忆是一种粗略记忆，短时记忆容量很大，同时，把这些图像信息从短时记忆转化为长时记忆，只需要稍微复习几遍就可以了。例如一部电影，只需要隔一段时间重温一下，这样只需要看个三五遍，就能够终生不忘，而且里面的很多情节都记得非常清楚。

相比较而言，图像记忆的记忆效率比声音记忆就不知道要大多少倍了。

回忆过去，巩固记忆

很多朋友一直研究记忆方法，希望通过改善记忆方法而提高记忆力。大多数人把注意力放在记的过程，而忽略了忆的过程。事实上，通过深入研究回忆的过程，对于改善记忆方法、提升记忆力，也有着非常重要的作用。

我们在进行记忆的时候，通常先用理解记忆的方式，理解不了的，就用声音记忆。掌握了图像记忆方法的朋友，会有意识地运用图像记忆的方法来进行记忆。然而，即便是记忆大师，对图像记忆的方法已经很熟练了，很多时候也会被惯性拖累，不自觉地使用了声音记忆。

只有到回忆的时候，意识到自己到底回忆出来的是什么东西，对比自己记忆的效率，才清楚地知道自己究竟用了什么方式来进行记忆。

因此，通过对回忆方式的检验来完善记忆方式，从而提高记忆力，这是非常有效的方法。

在进行记忆的时候，通常会有这样5种记忆方式：理解记忆、情感记忆、声音记忆、图像记忆、文字记忆。

因此，在回忆的时候，同样有5种回忆方式：理解回忆、情感回忆、声音回忆、图像回忆、文字回忆。

假设我们记了一段资料，我们要闭上眼睛来进行回忆，回忆的时候就可以检验一下，自己到底是用什么方式来回忆的。例如《道德经》最后一章：

信言不美，美言不信。善者不辩，辩者不善。知者不博，博者不知。

圣人不积，既以为人己愈有，既以与人己愈多。

天之道，利而不害。圣人之道，为而不争。

一般来说，在读第一、二遍的时候，我们通常会先对这段文字进行理解，理解的时候，其实就已经记住一些内容了，或者对这些内容已经具备了一些印象。这个时候，如果我们闭上眼睛来回忆，会发现，虽然文章的大意能回忆出来，但具体的字词就不能很精确地回忆了。这时，我们运用的是理解回忆。

接下来，我们会根据自己理解的情况，对其中某些内容比较感兴趣，印象会更深刻，我们回忆的时候，这部分内容就更容易回忆出来。这时，我们运用的是情感回忆。

然后，我们打算对这段文字进行精确回忆，所以就需要再多读几遍。如果没有掌握图像记忆方法，那么就只有机械地反复诵读，一直读很多遍，直到读得很流畅为止。这个时候进行回忆，运用的就是声音回忆。

而掌握了记忆方法的朋友，就会挑出一些记得不牢的地方，运用想象力找出相应的图像，当回忆的时候，就会出现鲜明的图像。这时运用的是图像回忆。

还有一些朋友，会试图在眼前"看"到这些文字，"看"得到的就能回忆出来，"看"不到的就回忆不出来。这个时候运用的就是文字回忆。

记忆力比较差的人，一般是理解记忆和声音记忆相结合，然而他们的声音记忆能力往往比较差。如果理解不好（例如，一些比较抽象、比较难懂的资料），而过多依靠声音记忆的话，那么记忆效率就会比较低。

记忆力相对较好的人，他们的声音记忆能力也相对较强，所以记忆效率也过得去。

而有一小部分天生记忆力非常好的人，他们往往是同时运用理解记忆、声音记忆、文字记忆3种方式，他们在回忆的时候，会不自觉地去试图"看"到所记住的资料，有了文字记忆作为配合，记忆力效率通常都会比较高。

还有一小部分记忆力同样非常好的人，他们可能不自觉地运用了一些图像记忆的方法，会试图把某些资料图像化，虽然他们没有运用文字记忆的方式，记忆效果也会非常好。

如果掌握了图像记忆的方法，能自觉地把理解记忆、声音记忆以及图像记忆3种方式结合起来，图像记忆方法运用越熟练，想象越丰富生动，那么记忆效果就会越好。

如果在掌握了图像记忆方法的基础上，再有意识地运用文字记忆和情感记忆，那么，这5种记忆方式就能够完美地结合在一起，记忆效果自然就不可思议了。

人与人之间，记忆力天生是有差别的。有些人天生记忆力就很好，而有些人天生就很差。

记忆力天生存在差别的原因有很多，而其中最重要的一个原因，就是对几种记忆方式的运用习惯不一样。只要找到适合自己的记忆方式，学会调整自己的记忆习惯，那么，记忆效率就会获得很大提高。

在没有学习记忆方法之前，一般人用得最多的记忆方式就是声音记忆。有些人声音记忆能力比较强，那么记忆的时候自然就占有优势。

有些人声音记忆能力较弱，但图像记忆能力非常强（例如，右脑比较发达或喜欢艺术的人），他们出色的图像记忆能力发挥不出来，自然记忆的时候就很吃力。

有些人文字记忆能力比较强，但没有人教他们使用这种记忆方式，他们一直使用的是自己所不擅长的声音记忆，那么，记忆效果自然就很难体现出来。

因此，通过了解自己的回忆方式，从而找到适合自己的记忆方式，充分发挥自己所擅长的能力，记忆能力一定会获得很大提高！

多种记忆方式综合运用

虽然图像记忆比声音记忆有很多优越之处，但是，声音记忆是一种非常基本的记忆方式，也是不可或缺的。同时，我们的记忆方式除了声音记忆和图像记忆，还有很多种，我们应该尽可能把各种记忆方式的作用充分发挥出来。

在学习的时候，除了嗅觉记忆和味觉记忆很少派上用场之外，其他的各种记忆方式都有用武之地，如果我们能多种记忆方式一起灵活运用，肯定比单独依靠某一种记忆方式要好得多。

视觉记忆之中，图像记忆、空间记忆、颜色记忆都是比较容易用的。我们学到某些内容（如历史、地理、生物、军事、经济等）的时候，可以找一些相关的视频资料来看，这就是运用图像记忆；一篇文章或者资料，我们把重要内容标出不同的颜色，就是运用颜色记忆；

把某些关键词标出来，看看一页之中的关键词大概在哪个位置、关键词相互之间的空间关系如何，这就是空间记忆；如果学到几何或一些有立体感的东西，那更是需要用到空间记忆了。

听觉记忆之中，除了常用的声音记忆，节奏记忆和音乐记忆也能够派上用场。唐诗、宋词之所以比较好记，除了里面的内容比较生动，还有就是诗词往往都比较押韵，有一种节奏感，充分利用了节奏记忆；对于一些复杂的资料，如果能编成口诀的形式、朗朗上口，也就能够很好地运用节奏记忆；对于有些简短的文章，如果能像歌谣那样按照一定的韵律来唱，就能充分地运用音乐记忆，效果自然也会相当的好。

大脑的理解记忆，就是尽可能地把所要记忆的资料，找出其中的内在规律，通过规律来进行记忆；同时，运用想象力，把学习资料充分地图像化，这也能够增强理解。

情感记忆，就是尽可能地把所学的资料，变得生动有趣，或者找出自己喜欢学习它的理由，让自己能够很开心地学习，自然就能有效地提升记忆效率。

对于所学的资料，我们要善于综合运用各种记忆方式，多管齐下，尽可能地提升记忆效率。

例如，对于一篇文章，我们可以先读几遍，这个时候就在运用声音记忆；然后尽可能地理解，这是运用理解记忆；理解得差不多了，我们把关键词找出来，运用图像记忆来把它们牢牢地记住；同时，可以配合画出图表、运用色彩作为标记，这就是运用视觉记忆；并且尽可能地从中找出令我们感兴趣的内容，这就是运用情感记忆。

这样，多种记忆方式同时使用，我们的记忆效率必然会得到极大的提高。

快速提升记忆力
的关键在于训练

———

———

第二章

图像记忆的原理，就是把那些缺乏图像感的资料转化为我们很容易记住而且不容易忘记的动感图像。

图像记忆三板斧

要想提高记忆效率，秘诀就在于灵活地运用图像记忆。无论我们要记什么样的资料，如果我们都能把这些资料转化为灵活生动的图像，同时配合其他各种记忆方式，那么，自然就会拥有令人羡慕不已的记忆力。

图像记忆的原理，就是把那些缺乏图像感的资料转化为我们很容易记住而且不容易忘记的动感图像。这看起来好像只需要掌握方法就行了，然而，要想灵活地运用图像记忆，仅仅有方法是不够的。

图像记忆包括三个体系：方法体系、训练体系、应用体系。

许多人对记忆方法的理解很模糊，不少人会有一个模糊的观念，以为掌握了简单的记忆方法，就等于吃了"记忆仙丹"，无论记什么都会比以前快很多。

记忆方法确实能帮助我们提升记忆力，无论需要记忆什么资料，都有记忆方法能帮助我们大大提升记忆效率。

然而，从记忆方法的掌握，到记忆力的全面提升，到各个领域的实践应用，是有一定距离的、有一定阶段的。

我们所说的图像记忆，是各种记忆方法及其应用的一个总括，包含了记忆力提升和应用的各个方面。

要全面、准确地理解图像记忆，需要了解图像记忆3大体系的意义及之间的关系。

第一个体系是图像记忆的系统方法。

图像记忆的系统方法，我们归纳成为4大步骤，包括图像转化、图像联结、图像简化、图像定桩。

这四个步骤，包含了几乎所有的记忆方法。通过这四个步骤，我们能更好地把各种记忆方法灵活地运用在各种记忆对象之中。

然而，掌握了方法，不意味着记忆力就会立刻有很大的提升，也不意味着无论记什么都一定会比以前快很多。

因为记忆力本质上来说是一个技能，是需要训练的。方法是个基础、是个入门，学会了方法、掌握了方法，才有可能去运用方法。而用得好不好、用得熟不熟练，是需要有一个训练和实践的过程的。

就像我们知道了游泳的方法，并不意味着会游泳，也不意味着能游得很好。

要提升记忆力，必须掌握系统的方法，这是必经的阶段。

掌握了系统的图像记忆方法之后，要想更好地用出来，就有两个方向，一个是通过各种记忆力的训练来帮助自己更快更好地掌握方法的运用技巧；另一个就是非常直接地运用到自己所需要的学习和工作之中。

这就有了两个不同的提升路径，也就进入了我们要说明的另外两个体系。

第二个体系是记忆力训练体系。

掌握了方法之后，要想把这些方法用得更快、更好、更熟练，可以通过一些记忆力训练方法（可以形象地称之为"记忆体操"）来进行训练。

例如，进行数字或扑克牌训练，通过一段时间的训练（例如一个月），让自己做到3分钟之内倒背如流100个数字或一副扑克牌。

然后，可以进一步去记忆长篇的诗词文章、国学经典等内容。做这样一些训练，可能跟自己的专业学习、跟自己的日常工作内容无关，只是一种单纯的、纯粹的训练。

日常的学习和工作之中，可能并不需要我们这么快地去记住大量无规律的数字，不需要我们记忆扑克牌，也不需要我们记住《琵琶行》、《道德经》之类的东西。

所以，这样的训练，对很多人来说并不实用。

然而，这种单纯的训练，有一个很好的地方，就是能帮助我们更快速地进行想象、更快速地把不相关的图像紧密联结在一起，对记忆方法的灵活运用有很大的好处。

毕竟记忆方法的运用，需要我们掌握很多想象、联想的技巧，而记忆方法用得好不好、效率高不高，关键就是看我们的这些想象过程是否熟练。

所以我们说，通过记忆体操的训练，能很好地帮助我们熟练、灵活、快速地把记忆方法应用到实践之中。

第三个体系是记忆方法的实践应用。

大部分人学习记忆方法的目的，不是想要成为记忆大师，而是希望能应用到学习、工作之中，帮助自己提升学习的效率。

要把记忆方法运用到实践之中，我们当然也可以绕开记忆体操的训练，直接就把学到的方法应用到自己的专业学习和工作之中。

任何要记忆的资料、内容，都可以从图像记忆四大步骤之中，找到方法直接去进行记忆。

然而，要想把记忆方法灵活熟练地应用到专业科目、专业知识之中，是有一个比较长的过程的，这需要我们慢慢摸索方法的应用技巧、慢慢提升方法运用的熟练程度。

甚至很有可能，刚开始把记忆方法应用到专业领域之中，会经常碰壁，甚至会比之前的死记硬背要慢一些。

这就像我们有些人学习五笔输入法，需要经过一个比较长的训练过程，才能很熟练地运用方法，才能把输入速度提高几倍、甚至几十倍。

把图像记忆的方法运用到专业领域，同样有一个让人痛苦的训练、摸索过程，一旦你经过了这个过程，就能进入图像记忆方法运用的自由境界，可以很轻松、很快速地记住自己所学习的专业知识。

图像记忆这3大体系之间的关系，简单地说就是：系统的记忆方法是基础，是必须掌握的；记忆力训练能帮助我们更熟练地运用记忆方法；而实践应用是我们学习记忆方法的最终目标。

在目前的记忆学界，有两种不同的态度，一种是着重记忆力的训练，想要成为记忆大师，想要感受记忆力快速提升的乐趣；另一种是强调记忆方法在实践的应用，认为没有必要去做太多的脱离实践应用的训练。

其实，这两种态度都是相对片面的。

如果只是一味地去训练、训练、再训练，数字、扑克的记忆力非常强了，却没有去研究记忆方法的实践应用，这是脱离实际的，除了能通过神奇的表演来吸引人、甚至开班授徒之外，对人们的实践需要并没有太多的帮助。

当然，通过展示这种神奇的记忆力，吸引更多的人对记忆方法感兴趣，吸引更多的人来投身记忆方法的研究，这也是一件非常有意义的事情。

所以我们也需要有一些人来专注于记忆力训练、记忆力表演。

如果仅仅强调记忆方法的研究和实践应用，而排斥记忆力训练，那么，很有可能，对于记忆方法的灵活运用、熟练运用，就会有所欠缺。

因为很多方法，如果你没有通过单纯的训练而达到一定的熟练程度，用起来就会有点费劲，特别是遇到一些非常难记忆的专业知识的时候，使用一段时间后可能就会放弃。这就像我们五笔字根没有背熟而去运用五笔输入法，每打一个字想半天都想不出某个字根在哪个键上面，那还不如用全拼更快一些。

所以，我们对图像记忆体系应该抱有这样的态度：

一方面，我们要明确，记忆方法的最终目的是要用到实践之中，我们要多去研究如何更好地、更灵活地把记忆方法运用到实践之中。

另一方面，我们要尽可能地多做一些记忆力训练，让我们能更熟练地掌握记忆方法、运用记忆方法，在各种情况下都能把记忆方法灵活地运用出来，获得很好的记忆效果。

这样，我们的图像记忆体系才能越来越完善、越来越实用、越来越被更多的人接受并使用，记忆技术才能更快得到普及。

记忆力需要经过系统训练来提升

有不少人一直在寻找记忆方法，以为找到了很好的记忆方法，记忆力就能够得到很大的提高。

然而，方法不代表能力，再好的方法，如果不化为能力，如果用得不熟练、用得不灵活，也等于没有用。就像你手上拿了一套降龙十八掌的图谱，可是你从来不去练，那么，这套掌法也根本发挥不出它的威力。

事实上，许多真正有惊人效果的事情，都是经过系统训练的结果。我们要成为打字高手，需要训练；我们要提高钢琴演奏水平，需要训练；我们要成为职业运动员，需要训练；我们要成为出色的作家，需要训练；我们要提高英语会话水平，需要训练；我们要提高记忆力，同样需要训练。

　　只有经过有效训练之后，记忆力才可能产生质的飞跃；如果不经过训练，再好的记忆方法都派不上什么用场。大多数人的记忆力无法提高，原因就在于他们只满足于去找方法，却没有经过系统的记忆力训练；很多记忆大师，可以倒背如流《道德经》、《金刚经》，可以在很短的时间内记住一副扑克牌或者记住数十个无规律的数字，不仅仅因为他们有很好的记忆方法，更重要的原因是他们进行了系统的记忆力训练。

　　许多人其实都多多少少了解过一些记忆方法，却很少有人认真去进行系统的记忆力训练，这是人们记忆力无法真正提高的最重要原因。

　　记忆力训练就像我们学游泳，我们掌握了游泳的理论方法，知道游泳的正确动作是怎样的，但这时仍然无法真正去游泳，因为我们的身体肌肉还没有熟练掌握这套游泳动作。

　　只有通过一段时间的训练，身体肌肉已经对这套游泳动作运用自如了，才算是真正学会了游泳。一进入水中，我们的身体肌肉就会自动运用出游泳的动作，我们才可以真正畅快地游起来。

　　记忆方法系统就相当于游泳的理论方法，知道了记忆方法，但如果没有经过训练，我们的"大脑肌肉"（大脑并没有肌肉，我们这里是用作比喻）并没有掌握这套记忆动作，当面对记忆材料的时候，大脑仍然无法自如地用这套记忆动作来进行记忆，就会习惯性地回到原来的死记硬背方式中。

只有经过一段时间的训练，让我们的"大脑肌肉"完全熟悉并掌握了这套记忆动作，当面对记忆材料的时候，大脑才会条件反射般地自然用出这套记忆动作。

因此，记忆力训练的真正目的就在于帮助我们的大脑熟练掌握正确的记忆动作，让我们能够习惯性地在任何情况下都使用正确的记忆方法。

如果我们的记忆习惯得不到改变，当我们遇到需要记的东西时，还是条件反射般地用死记硬背的方式来记忆，那么，我们的记忆力就永远得不到提高。

记忆力训练系统的作用，就是要帮助我们养成运用正确记忆方法的习惯，帮助我们的"大脑肌肉"养成运用正确记忆动作的习惯。

这样，当我们遇到需要记的东西时，就会自然而然地用出这些正确的记忆方法，我们就可以轻松地记住任何想记的东西。这时，我们的记忆力才得到了真正的提高！

当我们的"大脑肌肉"越熟练地掌握这套记忆动作，我们的记忆力就提高得越快，我们就会越来越能感受到记忆力飞跃所带来的快乐。

记忆要有针对性

在许多人的观念中，通常以为学了记忆方法之后，大脑的记忆力会全面提高。什么是全面提高？就是掌握了记忆方法之后，无论记什么东西都比以前有很明显的提高。背课文、记单词、学专业知识，甚至日常生活中的记人名、电话等，无论什么需要记忆的东西，记忆速度都会比以前快很多。

很多人以为，图像记忆方法就像市面上那些声称改善记忆力的药品或保健品，掌握了之后能全面提升记忆力。以为掌握了记忆方法，就相当于吃了一颗"记忆仙丹"，一劳永逸，吃下去之后立刻有了脱胎换骨的改变，中小学生语文、英语、历史、地理，各个科目成绩立刻提高，大学外语四、六级、专业科目轻松过关。

许多人在准备学习记忆方法之前，是期望着能够立刻全面提高记忆力的。然而很遗憾，图像记忆没有这种"记忆仙丹"的神奇效应。

我们知道，图像记忆方法，主要是通过改变记忆方式来提高记忆力，而用图像记忆的方法来提高记忆力的一个特点就是：它对记忆力的提高是非常有针对性的。

记忆中文资料的方法，跟记忆英语单词的方法，以及跟记忆数字的方法是不太一样的。虽然它们运用的都是相同的图像记忆原理，但实际上，记忆不同的专业知识，需要用不同的、具体的记忆方法，这些都是基于记忆方法的共性与特性而言的。

而这种针对性，恰恰被大多数人忽略。

我们的图像记忆的4大步骤，包括了各种基础的记忆方法。灵活地运用这些记忆方法，能够帮助我们很好地去记忆各种中文资料、各个领域的专业知识。

但是，具体到各个专业领域，图像记忆方法的具体运用，又是有所区别的。

例如，同样是中文资料，你虽然能很快地记住法律条文，但不代表你也能够同样迅速地记住会计知识。又如，当你掌握了数字记忆的方法，能3分钟记住100个数字，或者两分钟记住一副扑克牌，但是一碰到长篇文章，或英语单词，就有可能又会感到无能为力。造成这种结果正是因为你还没有掌握中文资料和英语单词的记忆方法，或者掌握了但运用不够熟练。

我们可以打个比方：就如我们打球，足球、篮球、排球、羽毛球、乒乓球、高尔夫球，都是身体肌肉的灵活运用。但是不同的球，运用肌肉的具体方法不是完全相同的，会打排球不代表会打篮球，能打羽毛球的不一定能打乒乓球。

那么有没有一种方法能帮助我们同时学会所有球类项目呢？肯定是没有的。

图像记忆也是如此，有没有一个简单的方法能让你同时很快地记住英语单词、地理历史、法律会计呢？很显然，当然也是没有的。

如果你想要记忆英语单词，那么你需要把"五爪金龙背单词"的方法反复地运用直到灵活、熟练；如果你想要记忆会计或法律知识，你就需要根据它们的学科特点把图像记忆4大步骤运用到会计知识之中，反复灵活运用直到熟练。

你遇到一个陌生领域的时候，虽然不能说是完全从头开始地运用记忆方法，但至少还是需要一段时间来琢磨如何把记忆方法更好地运用到这个新领域之中。

从这个意义上说，图像记忆对于记忆力的提高，不是全面的、整体的，而是非常有针对性的。你掌握了某个知识领域的记忆方法和技巧，这个知识领域的记忆速度就会很快。而如果你没有掌握另一个知识领域的记忆方法和技巧，那个知识领域的记忆速度就会比较慢。

当然，图像记忆方法在每一个知识领域的运用，都会为后面一个知识领域的运用积累更多的经验和技巧，帮助我们更快、更好地运用到新领域之中。

图像记忆的另一个好处是，它的基础原理和基础方法都是通用的，可以举一反三，运用到任何一个领域，只是在具体到每个领域的时候，如果想要很熟练地运用，需要做一些针对性的训练或练习，这也是前面所讲到的它本身在各个领域运用中所具备的共性。

事实上，图像记忆方法的通用性比球类项目要好得多。

图像记忆的训练体系，就是帮助大家掌握系统的记忆原理和记忆方法，同时通过各个知识领域大量的例子来做训练，让大家了解到图像记忆的方法究竟如何能应用在各个领域。这样，在你需要记忆某个领域知识的时候（例如法律或会计），你就可以开始把图像记忆方法运用到这个领域，通过反复地训练和实践，你对这个领域知识的记忆就可以做到得心应手，你在这个领域的记忆力就得到了很大的提高。

先慢后快的图像记忆

很多人接触图像记忆，最初是看到神奇的记忆表演，例如，倒背如流扑克牌、无规律数字、长篇文章、甚至整本书，记忆大师神奇的记忆力让人目瞪口呆。

在看表演的时候，会感觉到记忆大师的记忆力实在有点匪夷所思，好像无论记什么都快得惊人。

也就是这种神奇而快速的记忆力，吸引了越来越多的人来学习记忆方法。很多人都抱着这样的期望：当掌握记忆方法之后，立刻就能够比以前快十倍甚至数十倍地进行记忆。

然而在真正接触到图像记忆方法之后，不少人就开始变得困惑，记忆速度好像并没有想象中那么快，甚至刚开始的时候还觉得比以前慢了。

那么，图像记忆到底是快速记忆，还是慢速记忆呢？

毋庸置疑，图像记忆法当然是快速记忆，但这个快速记忆也有一个"由慢到快"、"熟能生巧"的过程。

图像记忆的原理，是要把陌生的、抽象的记忆资料，转化为生动活泼的图像，像看电影那样运用右脑非凡的图像记忆功能来进行记忆。这个原理并不难理解，就像我们站在一个高楼上向四周看，眼睛可以同时摄入很多图像素材，并在极短的时间内被大脑接收记录下来，而如果用耳朵来听的话，同时听来自不同角度的声音，虽然听到了，但你的大脑最多只能收录很少的声音片断。可见，图像记忆是大脑赋予我们的一个多么神奇的工具，我们却一直在忽略它的功效。

了解过图像记忆原理的人会知道，图像记忆要比传统的死记硬背方式多了一些步骤，即图像转化、图像联想、图像简化、图像定桩。

前面的两个步骤：转化和联想，几乎无论记忆什么资料，都是必须做的。

就是需要先把记忆资料运用谐音法、代替法或其他灵活的方法转化为活动的、生动的图像，然后把这些图像联结起来。

可见，图像转化和图像联想这两个步骤也是最基本、最关键、最核心的两个环节，记忆速度到底是快还是慢，主要就是取决于它们的速度如何了。

接下来，就要谈到大家都比较关心的速度问题。

任何事情都有一个由慢到快、由不会到会、由熟练到灵活运用的过程。实际上在我们的生活中这种情况比比皆是。

比如学开车，当我们第一次坐在驾驶室里时，通常会感到手足无措，理论上讲的那些已经很明白的知识一旦用到实践中时，总会顾此失彼、手忙脚乱，开车的速度当然会比较慢。

而当你实践了一段时间后，不断地把所学的基础知识和方法加以利用，你会发觉你的脚、手、眼睛、脑袋配合得会越来越完美，越来越灵活，你也不会再慌乱，这说明，这时你的大脑已经帮你完成了各个器官间的协调配合工作。这个时候，开车的速度就会较以前快多了。

又例如，我们刚刚学习弹钢琴的时候，想弹好音阶都不容易，需要反复练习才能够熟练，这个过程也是比较辛苦的。经过一段长时间的练习，我们的钢琴演奏才会越来越纯熟。

我们的图像记忆法也有着异曲同工之妙。

刚开始，当记忆方法的运用还不是很熟练、记忆技巧还不成熟的时候，图像转化和图像联结都做得比较慢，那么，记忆速度就会显得不够快，甚至有可能会比死记硬背要慢一些。

这样看起来就有点儿像慢速记忆，而不是快速记忆了。

很多人就是因为刚开始接触图像记忆，方法和技巧的运用都不够熟练，记忆起来感觉有点慢、有点烦琐，因此会有一种还不如直接死记硬背算了的感觉。

其实这个过程是很正常的，也是必经的。

在实际的图像记忆方法运用中，同样需要经过这么一个训练的过程。就像背单词，如果运用"图像记忆方法"来背单词，刚开始的时候，没有经过系统的训练，在拆分的时候就会比较慢，有时候可能比原来的死记硬背还要慢，甚至可能半天也想不出一个单词的记忆方法，很多人就是因为这样遇到困难而放弃了。

但是，如果能够经过系统的、大量的练习和训练，方法和技巧掌握得越来越熟练，那么，单词的记忆速度就会越来越快，以后无论碰到什么新的、陌生的、难记的单词，都可以很快、很轻松地记住，而且会记得很牢。

所以，当我们训练或实践运用一段时间之后，会发现我们的方法和技巧越来越熟练，记忆的速度也会随之大幅度提升，像是在不经意间有了一个质的飞跃。

这个时候，图像的快速记忆从此已经成为我们生活中必不可少的一件工具了，好好地去享用它吧。

图像记忆最大的好处，就是记得牢。无论是快速记忆还是慢速记忆，无论你记忆的过程是非常快还是有点慢，只要能真正运用图像记忆的方法，把要记忆的资料转化为图像记忆，那么，就能记得很牢、忘得很慢，节约了大量的重复复习时间，同样能大大提高学习的效率。

图像记忆能达到过目不忘的效果，无论这个"过目"的过程是快还是慢，时间长还是时间短，只要能做到不忘，也就能很好地达到图像记忆的效果。

当然，如果你的方法运用能够更熟练，记忆过程能够更快，那记忆效率当然就会更高了。

因此，刚开始学习图像记忆方法的时候，记忆速度稍微慢一些没有关系，这是每个学习图像记忆方法的学员都需要经历的过程。

如果在这个过程中，你畏惧了，甚至放弃了，那么，你就无法到达自由的彼岸，你的记忆力就永远无法提升。

图像记忆，重点不在记得快，而在记得牢。为了要记得牢，我们甚至要把记忆的速度放慢下来，甚至要把记忆的过程变得更复杂。

很多人把重点放在了快上面，追求一种快速的记忆，恨不能扫一眼就把知识记住。这其实是陷入了一个误区。

要拥有很好的记忆力，关键不在于提高记忆的速度，其实重点在于改善记忆的遗忘。死记硬背的最大弱点就是忘得快，我们只需要把这个弱点克服了，看过的知识、记过的知识不容易忘记，那么，这就是相当惊人的记忆力了。

死记硬背就是最简单、最快速的记忆，因为它只需要简单地读就可以，不仅快，而且很直接，不需要任何烦琐的步骤。但它的弱点对于记忆来说是致命的：忘得非常快！

为什么很多人一直以来都在用死记硬背，虽然知道死记硬背的记忆效率非常低，但还是不愿意放下死记硬背来学习图像记忆，就是因为死记硬背有一个最大的优点：简单、直接！

大多数人都是追求方便、简单的，人的本性都是懒惰的，所以，多数人在接触到图像记忆的时候，第一个感觉就是把记忆搞复杂了，还不如死记硬背来得简单直接，所以不太愿意去尝试一种新的方法，也就更不会下定决心来养成一种新的记忆习惯。

从记忆的速度上来说，死记硬背是最快的，因为它最简单。而图像记忆的记忆速度其实相对要慢一些，例如，要记忆几十个词语，图像记忆方法记一遍，从头到尾读完就能记完，但这可能需要几分钟的时间。但是如果用死记硬背，记一遍的时间也就是读一遍的时间，大概不到一分钟就能读完（当然，读完不代表能记住）。所以说，死记硬背的记忆速度可以比图像记忆的记忆速度快上好几倍。

然而死记硬背和图像记忆的结果完全不一样：死记硬背读完一遍，什么也没有记住，因为它忘得实在是太快了，读到后面的时候前面就忘光了，即使好不容易背下来了，过不了半小时就会开始忘记，到了第二天就忘掉一大半；而图像记忆读完一遍，就基本上能够牢牢地记住，甚至几天都不会忘记。

我们提倡使用图像记忆，就是因为图像记忆拥有过目不忘的记忆效果，它最大的优点就是忘得非常慢。仅凭这一点，图像记忆就能大大提高我们的记忆效率、学习效率，让我们大大节约复习、重复的时间。

明白这个道理之后，我们在运用图像记忆的时候，要懂得如何把自己的记忆过程放慢，要学会用一种比死记硬背慢一些的速度来进行记忆。如果这个记忆过程慢不下来，那么，图像记忆的真正威力就难以真正发挥出来。

如果你想拥有过目不忘的记忆力，请你先放慢记忆的速度。

学习图像记忆方法，是一个由慢到快、熟能生巧的过程，一定要多练习、多训练、多运用，让自己由"慢速记忆"尽快变成"快速记忆"，这样，记忆力才会获得飞速的提升。

了解记忆术的重要性

"更有效"比拼"更多"

如果问大家这样一个问题：学习记忆方法究竟是为了什么？

许多人或者会不假思索地回答：为了提高记忆力啊！

那么进一步问：提高记忆力又是为了什么呢？

回答或许是：为了能更快更牢地记住所学知识！

为了能更快更牢地记住所学知识，这或许是大部分人学习记忆方法的主要目的。然而，如果我们仔细分析的话，"更快更牢地记住所学知识"这句话里面，包含了两层含义：

一个是"更快更牢"，这是关于记忆效率或者记忆能力的；

另一个是"记住所学知识"，这是关于积累知识的。

那么现在要进一步问大家了：到底是提高记忆力比较重要，还是积累更多知识比较重要？

这样问，是因为，记忆力提高了，并不代表着知识的积累会增加。这两者之间或许会有一些相互促进的关系，但不是必然的关系。

或许有些朋友还不是太明白，下面来举个例子好了：

笔者在大学的时候，学的是临床医学（西医），每门专业课都有许多要记的知识。笔者有两个同学，一个同学记忆力非常好，学习起来非常轻松；另一个同学记忆力属于普通水平。

然而学习成绩呢，记忆力好的同学在班上属于中下水平；而记忆力普通的那个同学，成绩在班上一直名列前茅。

原因想必大家应该都清楚，自然就是前者偷懒而后者努力了。

比较这两个同学，前者虽然记忆力好，但他所积累的知识不多；后者虽然记忆力一般，但所积累的知识比较多。

要说到日后的成长情况，至少在医学这个领域，记忆力普通而成绩好的那个同学，自然有了大得多的成就。

看到这里，聪明的你可能会说：如果后面那个同学学习了记忆方法、提高了记忆能力，那么，他或许会学得更好，或者至少会学得更轻松。

是的，确实如此。

那么，我们进一步地探讨这个话题：

如果说记忆方法是一个工具的话，那么这个工具的最有效作用，应当是为了帮助我们积累更多的知识——而不仅仅是更有效地积累知识。

"更有效"与"更多"的区别是：如果我们掌握了记忆方法，记忆效率大大提高了，然而，我们没有运用这个非常棒的工具来尽可能地记住更多知识的话，那么，这个工具的作用就被大大降低了。

事实上，现在许多学习记忆方法或者传播记忆方法的人们，往往是满足于甚至陶醉于"更有效"之中，却忽略了"更多"的重要性。

记忆术的真正价值

学习记忆方法的人群，主要有以下这两类：

第一类是以应付考试为主要目的的人群，例如，学生、白领。

第二类是以传播记忆方法为主要目的的人群，例如，记忆讲师、学校里的任课老师。

对于第一类人群，他们学习记忆方法的主要目的或者主要动力，是应付考试、提高考试成绩。如果某一天不需要考试了，他们还会继续使用记忆方法吗？估计大部分是不会了。

对于第二类人群，他们自己本身或许并不需要应付考试，而是希望地掌握了这些方法之后，能够更好地传授给别人。如果是专业从事记忆领域的讲师，为了吸引学员报名的关系，可能还需要记一些无规律数字、长篇甚至英语词典这样的资料，以作记忆演示的时候使用。

然而，如果有一天不需要演示了呢？他们还有动力继续去记住这些资料甚至更多其他的资料吗？估计大部分是不会了。

由此看来，大家学习记忆方法，基本上都是把它当做一个应付考试或者应付工作的工具而已。只注重了更有效地学习知识，却没有注重更进一步地运用记忆方法来积累更多的知识！

许多人仅仅把记忆方法当成应付考试、应付工作的一种手段或一个工具，一旦不需要考试或者能应付工作之后，记忆方法这个工具也就被慢慢抛弃然后忘记，直到某一天，记忆力回到了没学记忆方法之前的状态。

这种对待记忆方法的态度，无疑是大大地低估了记忆方法的真正价值。

学习记忆法的最大价值

能够提高记忆效率、更好地应付考试和工作，这当然是记忆方法的重要价值之一，却不是最大的价值。

事实上，学习记忆方法的最大价值有两个：

一个是国学经典记忆；

另一个是想象力训练。

相比而言，提高记忆效率的价值反倒是其次的。

如果说记忆方法是一个工具，那么，我们应该在国学经典记忆与想象力训练中把这个工具的作用最充分地发挥出来。

在这里，我们先来谈谈国学经典记忆的好处。

记忆方法的作用，应该是把更多的知识放进我们的大脑之中（至于如何更好地活用，那是另外的话题了，但前提是要先学进去才行），而不是仅仅满足于学习效率的提高。

既然要记更多的知识，那么，究竟记哪一类或哪些知识比较好呢？

事实上，有许多知识主要是靠理解来吸收的，而真正需要一字不漏地记住、又对我们人生有长久影响的、同时具有普适性的，无疑就是国学经典了。

例如以下这些：

唐诗宋词、四大名著、《大学》、《中庸》、《论语》、《孟子》、《道德经》、《庄子》、《金刚经》、《心经》、《孙子兵法》、《菜根谭》、《皇帝内经》……

对于国学经典，记住它们不是最终的目的，从经典中汲取人生智慧才是最终的目的。

因此，记住了之后，接下来的工作，自然是进一步去领会经典中古圣先贤所传达的智慧。

虽然说，即使没有记下来，也不妨碍我们去理解其中的智慧，然而，记下来之后，去理解、去体会、去身体力行的动力就会更充足了——这是笔者亲身实践之后的体会。

训练和积累相互促进

图像记忆是一种方法，这个方法虽然简单，但如果要达到灵活运用的程度，就需要进行很多的训练。就像打羽毛球，方法也很简单，挥动球拍，把球打过去就可以了，然而，如果想要成为一个羽毛球高手，则需要大量练习，至少需要连续几年的刻苦训练才行。

我们训练记忆力，也需要这样一个刻苦训练的过程。在这个过程中，我们需要尝试去记忆大量的资料，在记忆这些资料的过程中，我们对于记忆方法的运用就会进一步变得生动灵活，以后再遇到类似的资料，我们就能够很快把它们牢牢地记住。

例如记单词，我们希望能够快速地记住大量的英语单词。但是，刚开始运用图像记忆方法的时候，肯定是比较笨拙的，记忆速度肯定是比较慢的，甚至可能会比死记硬背还要慢。然而，我们坚持用图像记忆的方法来记单词，慢慢地，我们就可以记得越来越快、越来越牢，同时，我们记住的单词就越来越多。

到了某一天，我们觉得自己的单词量积累得差不多了，同时我们对方法的运用非常灵活了，那么，当我们偶尔遇到好几个新单词需要记忆的时候，我们就可以非常轻松、非常快速地把这些单词记住，而且很长时间都不会忘记。这个时候，我们就达到了单词记忆的自由境界。

当然，我们前面也说过，我们的单词记忆能力很强了，并不代表我们的数字记忆能力、古文记忆能力、专业资料记忆能力很强，因为记忆能力会根据不同领域的内容而有所不同。就像羽毛球打得好，不代表网球也能打得好。不过，能力是可以在一定程度上进行迁移的，如果你某个领域的记忆能力很强，要转移到其他领域，也会相对比较容易。就像羽毛球打得好的话，要练习网球也会比较容易上手。

对于我们的人生来说，我们希望自己有更好的人生智慧，希望自己的人生更幸福，那么，多积累一些国学经典是很有必要的。我们以前之所以不愿意去背诵一些经典，是没有方法，觉得背起来很吃力。但是，现在我们有了很好的图像记忆方法，就可以运用图像记忆方法来记忆经典内容，而在记忆经典的时候，也是在训练我们的记忆力。这样，经典积累和记忆力训练，就可以相互促进、相得益彰。

在这个过程中，我们不仅慢慢积累了更多的知识，逐渐变得更博学、更具人生智慧，而且，我们的记忆力、整体学习能力甚至对待学习的态度，会得到不断的锤炼，最终达到炉火纯青的境界——而这，对于学习、对于工作、对于人生，难道不是一件很棒的事情吗？

孩子们背诵的东西究竟是太多还是太少?

在许多人的印象中，现在的教育，主要是死记硬背，让孩子背的东西太多，导致学习不堪负重。

先抛开记忆方法不谈（不管是死记硬背的、还是理解记忆的、或是图像记忆的），我们可以仔细想一下，孩子们所背的东西，究竟是太多还是太少呢?

要知道答案其实很简单。找一个孩子，让他背几首诗词或者几篇文章，看看他到底能背出多少东西，到底能否流畅地背诵出来。

如果你真去了解，或许就会很失望，如果让孩子们去背诵上学期的诗词、文章，你就会发现许多孩子都忘得差不多了，没有几篇能很流畅背出来的。一些脍炙人口的简短诗词或许还能背出几首，然而除此之外估计就很难再背出什么了。

其实也不必去了解孩子们，只要反问一下自己就知道答案了。像我们大多数成年人，读了小学、初中、高中、大学，现在毕业了、进入社会了，如果要来回忆一下自己所记住的诗词文章，到底能回想起多少呢？恐怕大多数都已经还给老师了吧。

由此看来，孩子们在学校中所背诵的东西，不是太多，恰恰相反，其实是太少了。

孩子们学习负担重，不是背的东西多，是做测试题和考试题太多。考试专考那些琐碎而又不太实用的知识点（例如英语语法、古文虚词的用法等），孩子们用了大量的时间来重复学习那些枯燥无味的东西，反而导致没有足够的时间和精力来对基本知识进行大量的积累。

孩子们学语文多年，先不谈是否能真正理解、是否能有助于表达（口头或文字），就连基础的文学积累，都少得可怜。

为什么会这样呢，有三个主要原因：

第一是留给背诵的时间太少。

就说诗词，诗词是比较容易背的。然而学校要求背诵的，都是那些非常简单的诗词，长一点的诗，要么就节选几句，要么就不要求熟记。为什么会这样？无非是担心背诵占去太多时间，所以就要求得非常简单。这导致大多数孩子记得比较牢的，也就是四句长度的诗。长一点的，例如，《将进酒》、《琵琶行》等，有多少孩子能熟练背诵出来？即使不用记忆方法，那十多行、几十行的诗，读上一两百遍，难道真的记不下来吗？

即使许多要背的古文，一般的要求也就是大致能背下来就可以，而没有要求完全熟练背诵直到脱口而出、终生难忘的程度。

教育者缺乏耐心，从而也导致孩子们缺乏耐心、囫囵吞枣。

第二是背的经典太少。

事实上，真正值得深入熟练背诵的，大多数是国学经典，例如，唐诗宋词、诸子百家、历代文学家的经典作品。而现在的小学、初中，很多时候要求孩子们背诵现代文。倒不是说现代文不好，然而，真正有几篇现代文是值得终生牢记的？从文采和思想深度这两方面来看，真正值得背诵的非常少。

正因为许多现代文不值得背诵到终生难忘的程度，所以老师们也不要求孩子背得太牢，这也就导致学期一结束，所背的文章大部分忘光光。

想想看，如果把同样的时间，每个学期用来牢记两三篇国学经典文章，反复背诵达到终生难忘的程度，这样效果会不会更好？

第三是没有很好的记忆方法。

死记硬背是需要消耗大量时间精力的，而且最关键的是容易忘记。因此，老师和家长都不太忍心让孩子们多背，即使背了，也不太要求熟练到深入的程度。所以，大部分孩子也就肤浅地背一背，应付一下而已，很少有吸收进自己血液之中的。

对于写作而言有两个重要的前提，一个是素材（积累），另一个是思想。而这两方面，都需要从国学经典中去寻找。

对于文采的表达，以及思想的深刻广博而言，古人已经达到难以企及的顶峰，我们如果不跟他们学习，又怎么可能有出众的表现呢？

近现代伟大的文学家和思想家，都是直接从古文中吸取养分的，然而他们从文采和思想上，离古人都有或长或短的距离。我们如果只是学习现代的作品，而不直接去学习古人的经典，那大概就只能渐行渐远了。

古人读书，最重要的特点是博闻强记。也就是说，不仅博览群书、学识渊博，而且很重视去记忆各种经典内容。

历史上博闻强记的天才很多，我们只举一例：诸葛亮。

诸葛亮的学习特点是"观其大略"，也就是对一门学问，了解它的概貌以及精髓，而不会过多纠缠于不太重要的细节。然而，就连喜欢"观其大略"的诸葛亮，对于自己喜欢的东西，也会用心去牢记。

在《三国演义》"孔明用智激周瑜"的那一回，诸葛亮为了刺激周瑜，把曹植的《铜雀台赋》略做修改，然后全文背了出来。大家如果看过《铜雀台赋》就知道，文字虽然不是很多，但要把它全文背出来的话，也是够呛的。我们知道，曹植只是曹操的儿子，在当时应该还算不上特别有名气的文学大家，但诸葛亮觉得这篇文章写得不错，于是把它记下来了。可以推想而知，曹植以前那么多写得好的文章、经典，诸葛亮只要是喜欢的，应该也会花时间把它们牢牢地记住。

连诸葛亮这样喜欢"观其大略"的人，都愿意花心思去记忆大量的经典，何况其他"务于精纯"的人呢？

当然，学习最重要的是要深入理解和灵活运用。但是，这不是说记忆不重要，因为，没有博闻强记作为基础，我们所学的东西也很难做到融会贯通。

古人云："熟读唐诗三百首，不会作诗也会吟。"我们中华文化博大精深，唐诗宋词只是其中一小部分，值得我们牢记的经典内容实在是太多了。然而，我们大部分人，连最简单、最容易记的唐诗宋词，也记不住几首，更何况其他各种经典内容呢？

而且，如果想让我们的孩子语文学得更好，表达更有水平，那么，让他们多背一些古文、国学经典，也是非常有必要的。当然，不能像蜻蜓点水那样地背诵，而应该要达到条件反射、脱口而出、终生难忘的程度。

快速提升记忆力的基础是注意力训练

—————
—————
第三章

注意—阅读—记忆—理解—思维—想象。

学习过程的6个环节大致可以按照以上这个次序来进行排列。

注意力训练的六大环节

通常来说，一个完整的学习过程（尤其是针对书本来进行学习的过程），可以细分为六个主要的环节。

首先，对于翻开的书本，我们首先要去注意里面的文字或图片内容，因此，"注意"是学习过程的第一个环节；

对于我们所注意到的内容，接下来就会展开阅读，因此，"阅读"是学习过程的第二个环节；

对于我们所阅读的资料（例如，一篇文章，或某些英语单词），我们一边阅读的时候，一边就会进行有意或无意的记忆，因此，"记忆"是学习过程的第三个环节；

对于我们所记住的东西，我们常常需要进一步理解它们——毕竟只有理解了，才能更好地吸收和运用这些知识，因此，"理解"是学习过程的第四个环节；

对于经过理解所消化的知识，我们需要思考如何才能更好地运用在生活与工作、甚至是考试当中，因此，"思维"是学习过程中的第五个环节；

在对知识的活学活用过程中，我们常常希望能够更有创造力，能更灵活地把知识运用出来，这个环节通常就要发挥出想象的能力，因此，"想象"是学习过程中的第六个环节。

于是，概括而言，学习全过程的六个主要环节依次是：

注意——阅读——记忆——理解——思维——想象

一般情况下，学习过程的六个环节大致可以按照以上这个次序来进行排列。然而，其中几个环节的次序常常也会根据不同的情况而有所调整。

例如，"记忆"和"理解"之间的次序。有些时候我们是先记住一些知识，然后慢慢进行理解消化。尤其是在婴幼儿阶段，我们吸收了大量的东西，一时还没有足够的理解能力，只好等日后再进行慢慢的理解消化。这个时候"记忆"这个环节在前，而"理解"这个环节在后。然而很多时候，我们是边阅读、边理解，理解到一定程度，再来进行记忆。尤其是到了成年，在进行学习的时候，往往希望能够先理解透彻才去记。这个时候，"理解"这个环节就排在"记忆"的前面了。也有很多时候，记忆和理解是同时进行的，不一定能分出先后次序。

又例如，"想象"这个环节虽然与最后对知识的运用有一定关系，然而事实上，"想象"这个环节许多时候是贯穿在整个学习过程中的。注意的时候可以进行想象，阅读的时候可以进行想象，记忆的时候如果能展开想象的话效果会更好，而理解和思维许多时候也是依托想象来进行的。

因此，"注意、阅读、记忆、理解、思维、想象"这六个学习环节的次序，也不是绝对的。

另外，"创造"这个环节更多的是偏向于运用而不是学习，因此就没有放在学习过程之中了。还有其他诸如"观察"、"模仿"等学习过程，往往是许多学习环节的综合调动（例如，需要注意、记忆、理解等环节协同进行），因此也就没有列入到以上六个学习环节之中。

六大学习能力

　　"注意、阅读、记忆、理解、思维、想象"这六个学习环节，其中任何一个环节都像一个宝藏，储藏着无穷的学习潜能，等待我们进一步挖掘。

　　我们如果想要充分提高整体的学习效率，就必须针对性地提高上述每个环节的学习效率。就像一条制造汽车的自动化生产线，如果想要提高汽车的生产效率，就需要研究这条生产线中的每个环节，看看哪个环节的效率可以再提高一些。

　　两个人，花了同样的时间来学习同样的内容（例如临床医学这样的专业教材），然而他们的学习效率可能会相差数倍。原因在哪里呢？就在这六个环节的效率上，如果每个环节的效率相差一点，整体下来，相差就会非常大了。

先来看"注意"这个环节。一个人拿起书本，就可以非常专注地开始学习，所有的注意力都在书本的内容之中；而另外一个人，书本同样是拿在手上，脑海中却浮想联翩，想的都是跟书本没有任何关系的内容，等他意识到自己走神的时候，可能已经过去半个小时了。这样，注意力的效率就有了很大差别。

接着看"阅读"这个环节。假设书本某个章节的内容是5000字，一个人的阅读速度非常快，只需要一分钟就看完了，然后能够比较详细地复述出里面的主要内容；而另外一个人，花了10分钟才看完，复述的时候又漏掉了许多重要内容。这样，阅读速度、阅读质量之间，就有了10倍左右的差别。

再来看"记忆"这个环节。假设是20个陌生的单词，一个人花5分钟就记住了，而且到第二天的时候能回忆出18个；而另一个人花了30分钟才记住，到第二天回忆的时候，只能想起6个。这样，两个人记忆效率之间的差距，又何止10倍？

然后看"理解"这个环节。同样是一篇文章，一个人看完了，能够非常准确地讲出文章所表达的三点重要内容；而另一个人看完了，复述的时候连一点重要内容都没有讲出来。可见，两人的理解能力有明显的差距。

对于"思维"和"想象"这两个环节，或许不太容易从学习过程本身直接找出具体的差距，然而，反映在分析问题、处理问题这些应用层面上，人与人之间的思维能力、想象力之间差距的巨大，是毫无疑问的。

假如，两个高三的学生，其中一个学生无论是在注意、阅读、记忆，还是理解、思维、想象这些学习环节中，每个环节都做得非常出色；而另一个学生，每一个环节的表现都非常糟糕。那么，他们两个会有什么不同的结果？很有可能，前者会考上清华、北大，而后者只好参加"大北补习班"，接着复读一年也未必能考上大学。

学习过程的这6大环节，组合起来就是6大学习能力：

注意力、阅读力、记忆力、理解力、思维力、想象力。

其中每一种学习能力，都是可以经过系统的训练而得到不断提升的。

一个高效率的学习者，必然在这六大学习能力（或者其中大部分能力）上，都有出色的表现。如果我们对自己目前的学习效率不太满意，那么就得认真想一下，在"注意力、阅读力、记忆力、理解力、思维力、想象力"这六大学习能力之中，到底是哪个能力、哪些能力有所欠缺，然后来做针对性的提升训练。

在这六大学习能力之中，最基础的能力就是注意力，其他的几个学习能力，都是以注意力为基础的。如果一个人缺乏注意力，那么，他无论是阅读、记忆，还是理解、思维、想象，都是没有效率的。

正如人们在面对不同材料的时候记忆力会有所不同那样，人们在学习不同材料的时候，注意力往往会有所差异。例如，有些人在学古文的时候注意力比较容易集中，有些人在学英语的时候注意力比较容易集中，有些人在学数学的时候注意力比较容易集中。

注意力集中的时候，我们的记忆力就比较容易发挥出来。而如果我们对某些内容完全没有兴趣，无法集中注意力进行学习，那么，即使再好的记忆力也很难发挥出来。

因此，有效的记忆力训练，首先就要解决注意力的问题。

注意力受我们的内心掌控

许多人在打算认真学习的时候，首先遇到的一个问题是：已经坐到书桌前了，书本也打开了，正准备认真地学习一下，然而，注意力总是"东跑西跳"，很难集中到手中的书本上。就这样东想西想，左敲敲右摸摸的，一个上午就过去了，而书还没翻几页。

学习的第一个环节是注意，要把注意力集中到所学的内容中来才能开始有效的学习。然而恰恰是"注意"这个环节成了许多人学习的拦路虎。注意力无法受自己控制，这对学习来说，是最要命的事情。

到底是什么东西在不断地干扰我们的注意力呢？换句话说，我们的注意力到底受什么东西掌控呢？

答案就是："心"。

儒家经典《大学》里说："心不在焉，视而不见，听而不闻，食而不知其味。"说的就是我们的注意力往往受到"心"的掌控，如果我们的心不在那里的话，即使手中捧着书本，或者有老师在面前讲，我们也是学不进去的。

记得读大学时，有一段时间，每天晚上到教室去进行晚自习，找个位置坐下来，书本一打开，脑海中就开始不由自主地浮现出白天打篮球或踢足球的画面，总想着如果哪个环节表现得更好的话，就会赢得更多喝彩。就这么浮想联翩，半小时过去了，书本却还没有翻动过一页。我的心已经跑回到白天所经历的事情里面去了，眼前的书仿佛不存在一样。这就是"心不在焉、视而不见"的表现。

现代人（尤其是成年人）生活工作忙忙碌碌的，容易受到各种各样事情的纷扰，内心已经习惯了疲于奔命，即使好不容易找个时间坐了下来，那颗心也很难安静下来，因此很难做到静下心来看书学习。

一般人往往在结婚生小孩之后，注意力、记忆力以及整体的学习能力，都会有很明显的下降。因为这个时候，不仅有工作上的、生活上的，还有家庭、孩子等各方面的烦杂事情需要我们分心去应付，注意力分散得太厉害了，就难以收拢起来。注意力一下降，其他各种学习能力自然就会跟着下降了。

内心掌控着注意力，如果不懂得用心的话，注意力就没有办法控制，大脑的各种学习能力就发挥不出来，学习就会成为空谈。

我们的意识，也就是我们的注意力，往往会受到内心的牵引，许多成语都讲得很明白，例如，"心驰神往"、"心旷神怡"、"心烦意乱"等，内心一产生变化，我们的意识（神、意等）就会被牵动。

心的一个非常重要的功能，就是对喜怒哀乐这些情绪的体验。

正因为如此，情感一产生，心就动了，心动了，注意力立刻就会被牵引。

因此，情感冲击，是牵动我们注意力最主要的因素。

第一注意力：情感冲击

最能抓住我们注意力的事情，一定是与情感有关的。你只要回想一下自己的人生，哪些事情印象最深刻，就会发现，让你记忆犹新的事情无一例外都是情感事件。

开心快乐的事情，我们总是能够很投入，时间也过得飞快。相反，那些枯燥无趣的事情，我们就觉得很难熬，总想逃避。

情感对于学习的影响，归结来说就是一个词语："想要"！

到底是想要学还是不想要学？想要继续学习，还是想要休息一下或先做其他的杂事？

当你不想学的时候，即使在书桌前坐一整天，即使好几个老师在你面前讲了无数的话，估计你真正学进去的也没有多少。

当你刚刚坐下不久，打开书本或打开电脑正准备学习的时候，那些想要看看新闻、看看电脑留言、想要去喝一口水、想要先处理其他一些杂事的念头，就会从胸中窜出来，让你无法安心坐下来学习。

那么，什么原因会让你"想要"学习、"想要"继续学下去呢？

答案就是：兴趣！

如果希望学习更有效率，希望自己在学习的时候能够有很好的注意力，希望能够很用心地投入到学习之中，最重要的事情，就是选择那些自己感兴趣的知识来进行学习。

兴趣，就是主导学习、能把我们的注意力牢牢吸在学习上的情感因素。

我们应当尽可能地自主学习，根据自己的兴趣爱好、根据自己的能力特长来选择学习的领域，这样才能保证学习的高效率。

最好的学习方式，就是自由地学习自己感兴趣的知识，只有自己真正感兴趣，才会有学习的热情。学习起来饶有趣味，注意力自然就容易集中。

然而很多时候，我们总是不得不学习那些自己不太感兴趣、甚至完全提不起热情的知识。这个时候，我们的注意力难免就容易被记忆之中的、或者正在发生的各种因素干扰了。

中小学阶段，我们还不具备很好的主见，也无法选择自己想学的东西。然而到了大学，尤其是进入社会之后，如果我们还不能创造条件来自由选择自己感兴趣的学问来进行学习，不能选择自己热爱的工作，那多少是有点无奈甚至是悲哀的。

不过无奈归无奈，问题还是要面对的。

无论是学生还是成年人，通常在进行学习的时候，所面对的大多是枯燥无味的学习资料。眼前单调乏味的书本，跟我们脑海中各种激动人心的念头比起来，哪个会更容易吸引我们的注意力呢？毫无疑问是后者。这也就是许多人在进行学习的时候无法集中注意力的主要原因。

如果我们对学习内容没有兴趣，那么经常就会有一股又一股的干扰力量从胸中冒出来，不断把我们的注意力从学习资料中拉开。我们的注意力一下跳到这里，一下跳到那里，就是无法集中到学习上来。眼前虽然摊开了书本，却往往心不在焉。

这个时候，如果我们不能对所学习的内容产生直接的兴趣，那么，就不妨想一下，能否给自己的学习添加一些能让自己感兴趣的元素。也就是说，看看是否能做到间接的感兴趣。

很多时候，我们刚开始可能并不喜欢做某个事情，但如果其中的某些元素改变了，我们就有可能会变得喜欢了。

例如，你在学校的时候，可能并不喜欢某门功课，但如果由于某个原因，换了一个你很喜欢的老师来讲课，那么，说不定你就会从此喜欢学习这门功课。

又例如，你本来不是很想参加某次聚会活动，但一听说某某人也会去，或许你就会变得对参加这个活动充满期待了。

同样道理，如果我们不得不去学习一些原本提不起兴趣的资料，那么，我们就可以从各方面来想一想是否能够给这个枯燥的学习增添一些感兴趣的元素。

例如，可以改变学习环境，到自己喜欢的图书馆或咖啡厅等地方进行学习。

又例如，可以加入某个现实或网络上的学习小组，相互鼓励和督促，增加学习热情。

或者，也可以考虑经常给自己一些小奖励，例如学完某个章节之后就可以买个小零食来吃。

另外，适当地选择一些有趣的学习资料作为补充，也是很重要的一个方法。

很多时候，其实并不是某个学问本身缺少乐趣，而是某些书本或者某些老师没有把这个学问的乐趣展现出来，这个时候，我们就可以考虑灵活地找一些更有乐趣的资料来进行补充学习。

例如，同样是学历史，如果一板一眼地照着学校里的课本来进行学习，那么估计没有几个人能提得起兴趣。但如果我们去书店找一些写得生动活泼的甚至带有小说性质的历史类书籍来读的话，相信许多人都会读得津津有味，不知不觉中就能学到许多历史知识。这些有趣的书看得多了，反过来就能够大大促进我们对课本里相关知识的理解和记忆。

学习许多专业科目（尤其是语文、英语、地理、经济、金融等），都可以采用这种方法。

很多时候，找到自己感兴趣的学习方式，是很重要的。

在进行记忆力、学习能力的教学实践过程中，人们经常会产生许多教学方面的心得，有时候就想把这些心得体会整理一下写出来。很多时候，当人们安排好时间，坐到桌前，打开电脑之后，就发现那些写作的兴趣消失了。注意力就开始被各种各样的事情干扰，就会去看新闻、看网友留言、收发邮件、看帖回帖等，一个上午也写不出几句话。

但后来人们发现自己比较喜欢在走动之中思考问题。于是减少了在书桌前的时间，多安排一些时间去散散步、走动走动，一有灵感就把它们记录在手机里，等到差不多了再把手机里记录的内容统一转移到电脑中。就这样，即使是在超市购物排队付款的时候，出差到各地的旅途中，人们都能记录下不少的灵感，然后找时间统一整理，写东西的效率自然就高了很多。

第二注意力：动态画面

我们其实不是缺乏注意力，而是不懂得如何运用注意力。

事实上，大多数人已经习惯于被动地被外界的人或事物抓住注意力，而很难主动地把注意力灌注到那些有需要的地方。

笔者在全国各地教学的时候，经常碰到家长提问：海洋老师，我的孩子注意力无法集中，这可怎么办？笔者说：他的注意力真的不集中吗？你把他放到电视机前、放到电脑前试试看，我想他的注意力会比任何人都集中，甚至可以一整天坐在那里不动！家长听了拼命点头说：是啊是啊，一到电脑前他就坐得比谁都稳，吃饭时间到了也拉不动。

为什么许多孩子在学习的时候注意力根本无法集中，而在玩电脑游戏、看电视的时候能坐着一动不动？

其中的奥秘就在于：动态画面。

人的大脑对于动态的画面非常敏感，活动的、有趣的动态画面（例如电视电影节目、电脑游戏），甚至是想象中的动态画面（例如听故事、看小说），都能轻松地抓住我们的注意力。

你看夜晚街上的霓虹灯，都是一闪一闪会动的比较吸引人。

即使刚出生不久的婴幼儿也容易被那些会动的东西吸引。当你要逗乐一个小孩的时候，通常会运用一些动感的元素，例如挤眉弄眼，或者躲起来又出现，这就是通过动态画面来吸引注意力的原理。

如果我们所要学习的东西，是一部生动有趣的电影或动画片，那就容易办了，根本就不必担心注意力不能集中。

问题就在于，大部分时候，我们所要学习的东西，都是枯燥的文字，根本就不会动。那怎么办呢？

有两个办法。一个是去找一些动态的补充资料（在当今这个网络发达的时代，这个问题很好解决）；另一个就是自己运用想象力来把枯燥的学习资料转变成动态画面。

学习资料是枯燥的，但我们的想象力拥有化腐朽为神奇的能力，只要不断去琢磨，总能找到把枯燥资料转变为生动画面的办法（在后面关于"记忆"的章节里会有详细讲解）——小说家、电影导演等人群，在这方面就做得非常出色。

如果在教孩子怎样学习，那就需要尽量帮助他们发挥生动活泼的想象力，进入自己所构建出来的想象世界之中。

一般人都认为孩子的注意力无法长时间集中，觉得能连续30分钟集中精神学习就不错了。然而我们在对小学生进行面授教学的时候，经常连续讲一个半小时不下课，孩子们也听得津津有味，不容易走神。原因就在于授课内容能够充分地调动孩子们的想象力，因而他们的注意力就能够长时间保持。

注意力其实跟想象有很大关系。小学高年级到初中阶段，是想象力最丰富的阶段，这个阶段的注意力往往是非常强的。年龄小的孩子，由于自我意识没有发展成熟，主动进行想象的能力比较弱，因而注意力维持时间短。而到了高中大学、甚至成年之后，许多人的想象力都慢慢下降了，因而注意力也跟着下降了。

第三注意力：积极思考

为什么有些书一看就走神而另一些书可以连续看通宵？

一般来说，专业的书通常都比较抽象、比较枯燥，不容易抓住人们的注意力。而武侠小说、侦探小说、故事类等书籍，往往能够牢牢吸引注意力，让我们欲罢不能。这些书籍能让我们的注意力完全地沉浸其中，除了能激起我们的喜怒哀乐情感，还有一个重要原因，就是通过设置一些悬念，引发了我们的好奇心，让我们脑海中产生出许多问号，因此迫不及待地想要读下去以找出答案。

一个人处于思考状态的时候，注意力往往比较容易集中。例如，请计算一下这道题：25+26－2－9+24+35=？

不管计算的结果是不是正确，至少你可以体会到，在进行计算的时候，注意力是比较集中的。

事实上，人是很乐意思考问题的，而且大脑运作的时候可谓不知疲倦，你可以反省一下，一天之中有多少时间大脑是处于停止思考状态的？估计除了睡觉之外，大部分时间都是在思考的。

如果我们在阅读某本专业书的时候，注意力根本集中不了，那至少可以说明，这本书的内容很难引发我们的思考，因此我们停不下来的大脑就只好去思考其他不相关的问题了。

如果我们希望在学习那些枯燥的专业书的时候，能够更好地集中注意力，那么，就可以想想看，怎样才能让自己进入积极思考的状态。

一般人在学习的时候，往往比较容易管得住自己的眼睛，眼睛可以在书本里从上到下地进行阅读。问题是，如果大脑不参与进来的话，眼睛即使来回不停地扫几十遍，书本里的知识也是很难吸收的。

一个比较好的方法是，除了运用眼睛，再加上我们的手来进行配合。我们在学习的时候，可以准备一两支笔，一边阅读一般思考，每一段的重点是哪个词或哪几个词，然后用笔做个记号。

也就是边阅读、边把每段文字的重点找出来。这个找重点的过程，就是一个主动思考的过程。在这个过程中，我们会不断在不同的关键词之间进行比较，看看哪个更重要，大脑的思考就不得不紧紧围绕着书本来进行，因此就不容易走神了。

把每个章节看完之后（例如，看完一篇语文课文，看完政治课文的一个章节，或看完一章其他专业的内容），就尝试着把找到的那些关键词梳理一下，画成思维导图或组织结构图。在画图的过程中，我们会处于积极思考的状态，注意力自然就容易集中了。

找重点、画图的方法，对于提高注意力是非常有效的。尤其在中学阶段，许多成绩优秀的学生，都有这种动手写写画画的习惯。相反，那些只愿意完成任务式地看书，而不愿意动手学习的学生，学习效率都有很大提升的空间。

第四注意力：快速学习

人的大脑思维其实是非常活跃的，换句话说，大脑思维的速度是非常快的。一转眼间，脑海中可能就会闪过好多念头。我们接触知识的时候，只有速度快，才能跟得上我们思维跳跃的速度，也才能牢牢地抓住我们的注意力。

我们发现，许多很聪明、反应很敏捷的学生，在上课的时候往往注意力不容易集中。为什么呢？就是因为，老师讲一个问题的时候，往往还没有讲完，聪明的孩子就已经知道后面要讲什么了。既然已经知道了，那么老师后面所讲的话，他们就不会认真去听，而是去想别的问题去了。可惜的就是，当他们去想别的问题的时候，往往一展开就很难收得回来，所以就会错过了老师所讲的其他内容。这样一来，成绩自然就不会很好了。

对于缺乏自控能力的中小学生来说，这个问题其实是很难完美解决的，毕竟一个班上有很多同学，老师不大可能只为了几个聪明的学生而特意讲得很快，而忽略了其他大部分学生。除非是采用一对一教学的模式，才能够完全针对每个学生的情况来调整教学进度。

然而，如果是成年人要进行学习的话，就可以主动运用大脑的这个快速运转的原理来提高学习效率。方法很简单，就是加快学习速度，进行快速学习。

有很多方法可以加快学习的速度，例如，快速阅读、快速记忆、快速计算、快速书写、速听等。这些快速学习的方法，可以让我们在加快学习速度的同时，能够保持很高的学习质量。

在进行快速学习的过程中，我们的注意力会比普通的学习状态下更容易集中。

例如，对于学龄前的孩子，他们注意力持续的时间往往很短。然而，如果运用"闪卡"的方式，把许多知识点（例如生字、百科知识）做成卡片在他们面前快速地闪，他们往往就能够一直盯着卡片，很快就把许多新的知识记住了。至少在他们眼睛盯着卡片的那段时间里，注意力是高度集中的。

又例如，我们在进行快速记忆训练的时候，常常会进行基础的数字记忆训练，在短短的两三分钟之内，记住上百个无规律的数字。例如这样一些数字：

548934982076204852197609841394823498629489327409948426249874
587648298409487200429854588662444876924837694827667842984762

以上这么多毫无规律的数字，如果要在两三分钟内记住，这个记忆速度是非常快的，在这种快速记忆的过程中，我们的大脑都在进行非常高速的运转，这样的情况，是基本上是没有分心的可能的。

快，是自己营造出一种类似竞赛的氛围，同时把潜能调动出来。我们都有过这样的经验，有些工作忙了很久还拖拖拉拉，然而期限快到的前一两天，我们很快就能把它完成了。因为，最后实在是没有时间了，所以就只能把自己的潜能逼出来，高效率地完成了工作。

尽可能地，我们要给自己的学习任务定一个比较有紧迫感的期限，限定自己在一个比较短的时间内完成这个学习任务。在这种适度的压力下，我们的注意力会更集中，学习效率自然就会更高。

提升注意力的其他方法

对于学习来说，注意力是相当重要的，没有了注意力，其他学习能力即使再突出，也难以派上用场；相反，有了良好的注意力，其他各种学习能力在运用的过程中就会自然得到提高。

可以说，注意力是一切学习能力的基础。

至于怎样来提高我们的注意力，除了以上所谈到的"调整学习兴趣、运用动态画面、积极思考、快速学习"等四个常用方法，还有许多灵活而行之有效的方法。

例如，维持良好的作息规律，保证充足的睡眠，这是让注意力保持在良好状态的最基本的方法。

依照人体机能的作息规律，早睡早起，10点睡觉，5点起床，勿与天地拔河。养精蓄锐，自然会神清气爽、头脑清晰，注意力自然也就能保持得很好。如果能坚持进行有氧运动（例如慢跑半小时以上），效果就会更好。

我认识不少人，每天都熬到很晚才睡，第二天睡到中午。年纪还没到老的时候，看起来就已经气衰神疲了，连稍微坐得端正一点的力气都没有，说话的时候呵欠连天。这样的状态，怎么可能会有好的注意力呢？

有可能的话，可以每天抽出一定时间来进行放松静坐（例如，晚上睡觉前，或早晨起床后），如果能养成习惯，对提升注意力会有非常大的帮助。

静坐放松的时候，可以静静地体会身体放松的状态，尤其是胸口部位是否能做到完全松开，任里面的能量自在流动，这是调整情绪非常好用的方法。

放松静坐的方法不仅大人可以用，小学高年级以上的孩子也可以用。我们曾指导过几个小孩练习静坐放松，效果都很不错，经过一段时间的练习之后，孩子们都变得比以前更专注了，学习效率自然也有了提高。

在饮食上，尽量少吃肉或不吃。肉类食物里面通常含有许多激素、抗生素、甚至各种毒素，吃肉多的话，会对注意力形成很大干扰，尤其是对小孩子。

我们发现，那些注意力不容易集中、甚至相对比较多动的小孩，有两个比较重要的原因：一个是剖腹产，另一个就是吃肉（例如牛排、炸鸡腿等）比较多。

剖腹产的小孩相对比较好动，不容易集中注意力。不过这个是先天原因，不太容易改了。

然而，饮食上是可以自主调整的。多吃一些清淡的蔬菜瓜果，慢慢地注意力就会得到改善。

还有一些看起来非常活泼的小孩，不容易安静下来，这些大多是天生的活泼性格所致，长大之后，自然就会好很多，家长也不必勉强他们像其他小孩一样安静。

还有一个很特别的方法，叫做"目光模糊法"，对集中注意力有神奇的效果，不妨试一下。

你有没有留意过人们在沉思时的样子？当对方陷入沉思的时候，你跟他说话他都没有听到，然后你用手在他面前晃动，他竟然也好像没有看到，非得要碰他一下，他才会从沉思的状态中回过神来。

当一个人陷入沉思的时候，注意力是高度集中的，因此不容易被外界干扰。

而沉思时的一个特征表现，就是目光模糊，眼睛虽然是睁开的，但似乎没有聚焦在任何物体上，所以即便别人的手在他眼前晃动，他也没有看到。

既然沉思的时候目光是模糊的，那么反过来，如果我们让自己的目光变得模糊，那么是不是就比较容易进入注意力高度集中的状态呢？

事实上，影像阅读或波动速读，其中非常重要的一个原理，就是通过这种目光调整的方法，让人进入注意力高度集中的状态，从而大大提升阅读速度。"目光模糊法"的效果究竟如何？自己试一试就知道啦。

虽然我们讲了这么多提高注意力的方法，然而，如果我们想要保持良好的注意力，最重要的就是要做到：远离各种诱惑。例如，少看电视、少玩游戏、少上网等。

《道德经》上说："驰骋畋猎，令人心发狂。"现代社会诱惑和干扰都非常多，牵扯注意力的事物实在数不胜数，如果不懂得把各种干扰因素排除出去、给自己营造一个纯粹的学习氛围的话，那么，注意力是很难得到保证的，学习效率自然也比较低。

我们要善于进入学习状态，学会排除一切干扰，把注意力调整到最佳状态。记得笔者以前在高考复习阶段，自己内心中暗暗作了一个决定，就是与复习有关的所有事情统统不去考虑，一切等到考完高考再说。把全部心思集中到高考的复习中去，每天准时睡觉，准时起床，定时散步，按部就班进行复习，把自己调整到最佳的学习状态。最后果然是超水平发挥，考出了高中三年来最好的成绩。

注意力不集中，很多时候都是心情不稳定所导致的。所以，平常也可以多看一些关于修心养性方面的书籍，帮助自己调节情绪，让浮躁的心情安静下来，这样就能够比较好地集中注意力了。

一个懂得集中注意力的人，即便面对自己所不感兴趣的内容，也能够调动自己的注意力进行认真的学习。能够达到这种境界的人，必定是情绪比较稳定、不容易被各种因素干扰的人。

我们的记忆力训练，主要是通过想象力来调动注意力。当我们进行主动想象的时候，不仅可以想象各种生动活泼的动感画面来抓住我们的注意力，而且在想象的过程中，可以不断地调整修改，让我们的想象过程更加有趣、好玩，从而也能够通过引发情感而调动注意力。

只要能够牢牢地抓住注意力、不断地提升注意力，那么，记忆力的提升自然是水到渠成的事情。

快速提升记忆力的核心是想象力训练

第四章

要想让学习更轻松、更有成效，就需要全面提升学习能力。

运用记忆方法，除了能够更快更牢地记住更多知识之外，还有一点非常重要的作用，就是对想象力的训练有很大的帮助。

记忆方法运用的核心，是运用想象力（或者说联想能力），而想象力是整个学习能力的核心。

想象力提升了，能够更灵活、更清晰、更生动地进行想象了，那么不仅记忆力会提高，同时，注意力、阅读力、理解力、思维力甚至创造力都会得到明显提升。也就是说，整体学习能力都会因此而得到提升。这就是运用图像记忆方法跟死记硬背的机械记忆之间的最大区别。

对于很多资料，即使不用图像记忆，而依靠死记硬背，顶多是多花一些时间，也能够记下来。然而，死记硬背仅仅能达到把资料记住的目的，却无法提升整体的学习能力。

而图像记忆，能够在提升记忆力的同时，通过对想象力的训练，从而系统地提升整体的学习能力，让我们的学习更轻松、更有效率、更有乐趣，从而让我们成为热爱学习、善于学习的人。

想象力是六大学习能力的核心

要想让学习更轻松、更有成效，就需要全面提升学习能力。

我们知道，主要的学习能力有六项：注意力、阅读力、记忆力、理解力、思维力、想象力。只有这六大学习能力都提高到了一定的程度，我们的整体学习能力才能达到炉火纯青的境界。

当我们达到这种境界的时候，无论学习什么（无论是感兴趣的还是枯燥乏味的），都能够做到得心应手，都能做到活学活用、融会贯通，成为一个人人羡慕的顶尖学习高手！

这六项学习能力每一项都很重要，然而，如果一定要在其中找出最重要的一项学习能力的话，那么，会毫不犹豫地选择想象力！

原因很简单，因为其他任何一项学习能力都与想象力有莫大的关系。

注意力——想象力

只要稍微回忆一下就知道，有想象力的东西远比那些枯燥乏味的东西更能抓住我们的注意力。如果我们懂得运用想象力，把枯燥的学习资料化为生动活泼的内容，那就不必担心学习的时候容易走神了！

我们在前面说过，动态画面是吸引注意力的一个非常重要的因素，而动态画面就是想象力的结果。电影、电视、游戏这些有非常生动画面的东西，就是许多创作人员运用他们的想象力而制作出来的。

当然，我们在看电影、电视的时候，是被动地运用想象力，只是被动地吸收这些动态画面。如果我们能够主动地把想象力运用在学习之中，把枯燥的学习资料转化为生动的图像，那么，我们就可以很好地提升学习时的注意力。

阅读力——想象力

阅读力主要体现在保持一定的理解率甚至增加理解率的前提下大幅提高阅读速度。这跟注意力、理解力都有很大关系，而后两者是跟想象力直接相关的。

快速阅读的时候，我们会主动去快速搜寻文章的关键词、重点内容，同时，大脑会展开高速想象，更快地把众多关键词之间的内在联系弄清楚。因此，想象力的训练，对于提升阅读能力也会有很好的帮助。

记忆力——想象力

记忆有许多方式，然而，大部分的记忆方式都与想象力有密不可分的联系，例如，视觉记忆、图像记忆、理解记忆、情感记忆等。

其中，图像记忆与想象力之间有着尤其密切的联系，可以说，图像记忆的核心就是想象力。图像记忆，就是通过主动地发挥想象力，把抽象的资料转化为生动的图像，然后才能达到大幅提升记忆效率的目的。

如果我们的想象力能够充分打开，能够轻松地构想出生动活泼的图像，那么，图像记忆的方法自然就能得到出神入化的运用了。

理解力——想象力

对于理解力与想象力之间的关系，如果学过政治课程的话，就比较容易明白了。我们觉得政治比较难学，是因为它很抽象。之所以很抽象，无非是缺少图像，很难发挥想象力。如果我们能运用神奇的想象力，把抽象的东西变成生动活泼的图像，那么，理解力就能得到大大的提高了！

主动想象能力相对比较弱的学生，他们的学习效率会受到授课老师的很大影响。一个老师，如果讲课的时候，就是照本宣科，讲出来的知识抽象而乏味，学生很难理解、也提不起兴趣，学习效率自然就会比较低。相反，如果一个老师，他在讲一些概念、观念、知识点的时候，能够联系实际，举出许多灵活生动的例子，帮助学生理解，同时提高学生的学习兴趣，那么，这样的学习效率自然就会高很多。讲课有水平的老师，往往就表现在他的讲课内容是生动而富有画面感的。

主动想象能力比较强的学生，不容易受到授课老师的影响，这是因为，即使老师讲得比较枯燥，他们也能够主动发挥自己的想象力，去对知识点进行理解掌握，同时可以学得津津有味，这样，自然能够保持很好的学习效率。

无论是主动进行想象也好，还是被动地接收想象画面也好，总体来说，画面感越强，就越容易理解。因此，理解能力的强弱跟想象力是有着很大关系的。

思维力——想象力

思维力的概念比理解力稍微广泛一些，包括发散思维、创造思维、归纳思维、分析思维等。不过，无论哪种思维方式，当脑海中在构想各种各样事情和思路的时候，到底是拥有丰富生动图像的思考更好一些呢？还是抽象枯燥的思考更好一些呢？答案自然是不言而喻的。

爱因斯坦16岁时曾问自己："如果有人追上光速，会看到什么现象？"然后他又问自己："一个人在自由下落的升降机中，会看到什么现象？"为了获得这些问题的答案，爱因斯坦运用他天才的想象力，身临其境地去展开想象，在这个基础上经过严格的逻辑思维和严密的数学推导，最后终于发现了"相对论"，并因此获得了诺贝尔奖，成为世界上最伟大的科学家。

正因为爱因斯坦非常明白想象力对于思考和创造的重要性，所以他说："想象力比知识更重要，因为知识是有限的，而想象力概括着世界的一切，推动着进步，并且是知识进化的源泉。"

通过以上的分析，我们可以看到，想象力是6大学习能力的核心，无论哪一项学习能力都离不开想象力。想象力如果能提高，其他各项学习能力的惊人威力都能更好地释放出来！

事实上，记忆力训练的核心，就是想象力训练。通过想象力训练，让我们的想象更生动、更清晰、更有创造性，在这个基础上，再加上对图像记忆技巧的灵活运用，那么，我们的记忆力就会越来越好。而在记忆力提升的同时，由于想象力（尤其是主动想象能力）得到了很好的锻炼，因此促进了想象力的提升，从而带动了其他各种学习能力的发展。

因此，以想象力训练为核心的记忆力训练，刚开始的时候虽然是以记忆力训练为主，但其最终的效果，是可以让我们的整体学习能力能得到全面、持续的提升！

主动想象的威力

人的想象方式可以分为两种：被动想象与主动想象。

被动想象，是指通过眼睛被动地吸收外面的影像信息，例如看电视、看电影、看视频。人们在吸收这些影像信息的时候，不需要进行主动的加工或者改造，这些信息就会自动进入大脑保存起来。

主动想象，是指我们主动地发挥想象力，在大脑中回忆或者构思一些画面。我们所说的图像记忆，其实主要就是运用主动想象来进行。我们所说的想象力训练，也就是训练主动想象的能力。

一个人的主动想象能力，如果不经常有意识地运用、不经常进行训练的话，是会逐渐减退的。人们在小学、初中阶段，主动想象能力还是比较强的，但到了高中以后，接触到的知识越来越抽象，主动想象能力越来越缺乏用武之地，于是会逐渐衰减，同时就导致注意力、记忆力等各种学习能力的持续下降。事实上，人的主动想象能力是非常重要的。除了前面所谈到的注意力、记忆力、理解力等各种学习能力之外，人生很多重要的方面，都跟主动想象有着密切的联系。

创意创新——主动想象

西方精彩的电影大片、高科技产品、各种艺术创作，都是基于创作者们出色的主动想象能力。

绝大部分的创意和创新，都是先在大脑中构思好图像，然后转化成相应产品的。例如画家在画一幅画之前，要先想好大概的画面，然后动笔画出来。至于画出来的效果如何，除了画画功力之外，画之前的构思也是相当重要的。如果我们的构思很好，表现出来的作品自然也会很不错，成语"胸有成竹"讲的就是这个意思。

现代社会越来越讲求创意和创新，如果我们有很强的主动想象能力，那么，对于职业或者事业的发展，必定有很大的帮助。

组织策划——主动想象

规划一个事情，是需要主动去展开想象的。

例如赤壁大战，东吴要用火攻，如果在大脑中仔细地想象火攻的场景，就会想到，火要烧过去，需要有风才行，而且风向必须是由东向西吹的才行。周瑜刚开始并没有想到风向的问题，直到他想到的时候，才发现那个季节的风都是由西向东吹的，所以立刻晕倒在地。

而诸葛亮比周瑜厉害的地方就在于，他在想出火攻这个计策的时候，就已经想到了风向的问题，而且能推算出什么时候会起东风，所以就非常地淡定。

诸葛亮在赤壁大战开始之前，就已经把这场战役即将发生的种种场景都在大脑里预演了一遍，同时经过仔细的想象，判断曹操失败之后会怎样作决策、会选择走哪条道路，最后推算出曹操会走华容道。事件的整个过程，要做到好像身临其境地去想象和体会，然后才能更好、更全面地作出正确的判断。

我们在日常的生活和工作之中，也常常需要用到这种主动想象的能力。例如要组织一个活动，要想把这个活动组织好，就必须展开生动的想象，把事情即将发生的各个环节都在大脑中预演好几遍，看看哪些环节比较重要，如果没有处理好的话会产生什么不良的后果，应该如何去进行防范；同时要看看哪些环节如果能做到更好的话，会带来什么意想不到的惊喜。每个环节都提前在大脑中展开反复的想象，然后才会把整个活动组织得井井有条。

一个善于组织策划的人，除了沟通协调能力要出色，善于展开主动想象的能力也是必不可少的。

英语学习——主动想象

现在的英语教学，过于强调语法、时态等知识，一方面，这些抽象深奥的内容打压了学生学习英语的积极性；另一方面，英语毕竟是一门语言，更需要能听能讲。

学外语，背单词是基础，而背课文、记忆日常对话短句是目的。因为，如果没有一定的常用句子积累，是很难做到脱口而出进行外语交流的。

而背诵外语课文，如果是单纯的死记硬背的话，那用来应付考试还过得去，却对口语交流没有太大的帮助。

假设一个外国人向我们问路，我们想要用外语告诉他路径的时候，我们大脑中首先出现的是到达目的地的路径图，一旦要用外语来描述这个路径图，大部分人都是哑口无言的。虽然每个单词都会，却无法很快速地把这些单词有效地整合起来。

假如我们在学外语的时候，脑海中先想一个画面，然后找到合适的句子来表达，一边想画面一边来背诵这个短句，那么，以后当我们大脑中一想到这个画面的时候，相应的短句自然会不假思索地脱口而出。

或者，当我们背诵英语课文、句子的时候，大脑中主动去构思相应的画面，把句子和相应的画面进行紧密的联结，一说句子就想到相应的画面，或者一想到相应的画面就能说出相应的句子。

把主动的想象运用到英语的学习之中，在大脑中营造虚拟的场景，并与相应的英语口语表达形成条件反射，这才是英语学以致用的根本方法。

右脑开发——想象力

主动想象又分两种：一种是模糊想象；另一种是清晰想象。

模糊想象是指，大脑中的想象画面是模糊不清的，甚至看不到任何画面，想象过程却在不经意之中完成了。通常，我们睁开眼睛进行思考或者想象的时候，就属于模糊想象。当我们闭上眼睛来想象的时候，如果大脑中并没有出现好像看电影那样的生动画面，也属于模糊想象。例如，我们想象一个绿色的苹果，然后想象从苹果里面飞出来一只红色的蝴蝶。当我们读过这段文字的时候，其实就已经把这个场景想象了一遍——眼前虽然什么都没有看到，但其实大脑中已经把这个场景想象过了。

清晰想象是指，当我们闭上眼睛想象某个画面的时候，就像睁开眼睛看到那样清楚，或者就像大脑中有一个电影屏幕在播放电影那样清晰。例如，我们闭上眼睛来想象这个场景：眼前有一个碧绿的大西瓜，从这个西瓜里跳出一只肥肥的加菲猫。当我们闭上眼睛想的时候，眼前有没有真的看到一个碧绿的大西瓜？有没有清晰地看到有一只加菲猫跳了出来？如果闭上眼睛还可以像看电视那样看到这些场景的话，这就是清晰想象。

对于0~12岁孩子的右脑开发，其实主要是训练他们的清晰想象能力。右脑开发专家曾冠茗老师说过："右脑的能力其实就是清晰想象力！"孩子之所以能开发出波动速读、照相记忆等神奇的学习能力，就是孩子们原本就具有闭目清晰想象的能力，只要经过适当的训练和引导，这种能力就可以得到很大的发挥。

每个孩子的想象力，原本都是可以进行清晰想象的。但随着孩子逐渐长大，由于各种情绪的干扰、不恰当的饮食和作息等因素影响，导致这种清晰想象的能力逐渐减弱。到了12岁以后，许多孩子的清晰想象能力就慢慢消失了，只剩下了模糊想象的能力。

到了成年之后，清晰想象能力已经丧失了很长时间，因此也就很难再训练出来了。而在12岁以内，孩子们的清晰想象能力仍然存在（少数人到了成年之后仍然有这种能力），或者刚消失不久，还可以通过训练而提升。像波动速读、照相记忆这些神奇的右脑学习能力，是依赖于清晰想象能力的，因此往往只能给孩子们进行训练。

当然，即使在小时候经过训练有了这些学习能力，但如果没有一直坚持训练，到了成年之后，清晰想象能力衰退了，那么，这些学习能力也会随之消失。所以，从长远来看，即使能训练出波动速读、照相记忆等能力，最好能同时训练图像记忆的能力，因为图像记忆能力是越用越强的，而且不是以清晰想象能力为基础，即使长大之后，也仍然可以很灵活地运用。

由以上看来，主动想象的能力，对于我们人生的学习、生活、工作等各方面都有着很大的影响，因此，我们不仅要维护好主动想象的习惯，而且应当通过有意识的系统训练，让主动想象的能力越来越强大。而图像记忆方法的运用，是训练主动想象能力的最好方式。

照相记忆与波动速读

照相记忆和波动速读的概念，主要因为日本右脑研究专家七田真老师的《超右脑照相记忆法》和《超右脑波动速读法》等著作的宣传，而在国内有了广泛的影响。

照相记忆是指看过一两遍的资料（例如一篇文章或一本书），能够把里面的内容像照相一样摄下来，并保存在大脑里，需要的时候就可以很清晰地回忆出来。

波动速读是指以通过接收光波信息的方式来进行阅读。一本书哗啦啦在一两秒之内翻完，完全不可能看清书里的文字（也不需要去看书里的文字），以这样的速度反复地翻书，在这个过程中去接收书里的波动信息，把书本里面的主要内容化成图像在大脑中显现出来。简单地说，就是在高速翻书的过程中，书里的内容通过生动图像的形式进入大脑。

七田真老师把这两种神奇的学习能力称为超右脑的学习力。

这些能力究竟是属于右脑的能力、还是左脑的能力、或是松果体的能力、或者是其他更深层的能力，这些都不是很重要，重要的是，照相记忆能力和波动速读能力，都是以清晰想象力为基础的。

到了一定年龄（通常是12岁之后），如果失去了清晰想象力，要训练出照相记忆和波动速读的能力，就非常困难了。这也就是为什么很多成年人反复训练，却没有任何效果的原因。

国内也有一些老师主要针对小学生进行照相记忆和波动速读的训练。经过一定时间的系统训练，不少孩子都能在一定程度上拥有这些能力。从经验上来看，小学3~5年级的孩子是比较容易训练出效果的。三年级以下，虽然清晰想象力很强，但理解能力跟不上，很多训练不好展开；而五年级以上的孩子，清晰想象力普遍开始下降，训练难度也会加大。

前两年春节期间，笔者给一个小外甥进行了几天的想象力训练，主要目的是训练他的围棋复盘能力，他的围棋下得很好，但复盘能力弱一些。

那时他读三年级，清晰想象能力还很不错。笔者通过黄卡、曼陀罗卡以及一系列的想象力训练方法，来进一步训练他的想象力，然后让他戴上眼罩跟笔者下棋，训练他下盲棋的能力。在这个过程中，笔者也顺便给他进行了一些诗词文章的记忆训练。

毕竟只是训练了短短的几天，除了复盘能力有了一定提高，其他方面的能力我们也没有什么特别的期望。然而没想到的是，在开学之后的学习中，他显露出了令人惊奇的照相记忆能力。

新学期开学不久，老师发下来一本古诗手册，里面有一百多首中小学必背古诗，大部分是没有学过的，要求同学们在本学期内争取全部背下来。过了几天，老师抽查背诵进度的时候，发现他把所有古诗都背完了，觉得很惊奇。其实，那本手册发下来的当天，他只花了不到一个小时的时间，前后看了一两遍，就全部背下来了。吃完晚饭，他妈妈看到他在玩，就问他为什么不背诵古诗，他说已经背完了，他妈妈不相信，他说："不信的话你来抽查。"结果，从中随意找了几首诗来问他，他都能很流畅地背出来，不由得不信。

看一两遍就能记住这么多古诗，这可以算得上过目不忘的照相记忆能力了。在记忆力提高的同时，小外甥的整个学习效率得到了很大的提升。平常他的学习成绩在班上也就是中等偏上的水平，接下来几个月，也没见他怎么努力，但期末考试的时候，总分考到了班上第一名、年级第三名（前两名都是刻苦用功的女学生），让所有人都大吃一惊。

当然，他目前拥有这样的能力，但如果不继续接受系统的持续训练，没有养成牢固的主动想象的习惯，这种能力也会很快衰退的。

照相记忆训练的典型例子，就是盲棋训练。中国象棋大师柳大华，曾经创造过1对19的盲棋记录。柳大华自己说："我9岁开始下棋，当时要上学，摆棋收棋花费时间，我就强迫自己边看书边把棋谱记在脑子里，就好像始终有个棋盘在脑子里，看着书里棋局的进程变化就在脑中走，几十年来，除了比赛我都没怎么用过棋盘。"

柳大华9岁的时候开始训练，那个时候清晰想象能力还很强，在脑海中进行模拟下棋的时候，其实是可以清晰地看到棋盘和棋子的。这样经过大量的反复训练，这种能力就越来越强，并可以保持几十年而不减退。

相比中国象棋而言，围棋的棋子多、变化无穷，要做到盲棋就更难。然而北京有一个业余围棋选手名叫鲍云，可以进行1对4的盲棋，让人不得不惊叹他的照相记忆能力。

鲍云自己说："对我来说，下棋的时候脑子里就浮现出棋盘的图像，就像人做梦时脑海里的屏幕那样。"

鲍云的这种照相记忆能力也体现在他的生活中，比如他记电话号码通常不用电话本；读书背课本时，他经常是考试时感觉那一页的图像就好像在自己眼前，就连标点符号在哪儿都能"看"得一清二楚。

对于想象力仍然清晰的孩子来说，不仅能训练出照相记忆能力，而且能训练出波动速读能力。

笔者曾经训练过一个小女孩，她读四年级，清晰想象能力非常好。那时她要参加某个学校的选拔考试，需要记住很多资料，所以笔者主要是帮她进行记忆力训练。训练过程中也穿插了一些阅读训练，例如，眼球训练、视野训练、呼吸放松训练等。

结果她的阅读速度提升得非常快，第一次训练之后就达到了2000字/分钟，第二次训练就到了5000字/分钟，第三次训练的时候，笔者给她一张A4纸的文章内容（大约1000字），她用眼睛扫了两秒钟，就看完了。然后笔者问她里面的细节内容，她都说得很清楚。笔者问她看的时候有什么感觉，她说一眼看去，眼前就出现了很多图像一闪而过，里面的内容她就基本上知道了。当然，这是传统的快速阅读结合波动速读，并不纯粹是波动速读的方式。

波动速读的特点，就是不必认真看里面的文字，眼前却可以浮现出很多与内容相关的图像、动画，如果没有清晰的想象能力作为基础，是很难做到的。

基本的波动速读能力，对于一本书，经过快速的翻阅之后，可以说出里面的某些内容。然后经过长时间的训练，接收信息的能力越来越强、速度越来越快，波动速读的能力进一步增强，就可以说出更多的细节内容了。

总体来说，经过清晰想象训练的孩子，不仅比较容易调动出各种神奇的学习潜能，而且通常会比以前更有爱心、对艺术会有更敏锐的觉察能力，对世界的了解和认识也会有更广阔的角度。

想象力训练四大原则

每个人都拥有许多潜能，通过科学系统的训练，这些潜能就能够发挥出巨大的威力；然而，如果不进行训练，这些潜能就会依据"用进废退"的原理而慢慢萎缩。

想象力就是这样一种依据"用进废退"原理而发展的潜能。有些家长觉得自己孩子的想象力好，不需要训练，这是个错误的观念。事实上，想象力如果不进行系统训练的话，不仅它的威力难以发挥出来，而且会日渐衰退。

想象力训练的目的，是帮助我们养成主动想象的习惯，并且进一步激发想象潜能。

围绕这个训练目的，我们总结了想象力训练四大原则：生动、快速、清晰、大量。

生动

生动的想象力主要包括这样一些特点：动感、有趣、有创造性、多感官参与等。

动感是指想象中的画面是活动的、有动作的，就像动画片里面的情节，而不是像一幅幅静态画那样静止不动。

有趣是指我们的想象过程要尽量调到情感的因素，让整个想象过程更吸引人、更引人入胜。

有创造性是指我们的想象可以慢慢地做到别出心裁，想出更多个性化、别人没有想到的东西，这样，对我们的创造力就会有很好的锻炼作用。

多感官参与，是指在想象的时候，不仅是想象画面，还要加入丰富的感觉元素。例如，当你想象一个苹果的时候，不仅可以清晰地看到这个苹果，而且能够闻到苹果的清香，甚至能体会到酸甜的感觉，能体会到用手摸上去的光滑的感觉等。

基础的想象力训练，主要就是帮助想象力变得生动。例如词语发散联想训练、词语串联记忆练习、抽象词语和抽象资料的记忆训练等。

多看一些生动的故事、电影、动画等，对我们的想象力也会有帮助。不过，更重要的是，我们要主动运用想象力，把枯燥、乏味的内容变得生动有趣，这样才属于系统的想象力训练。

快速

速度，往往是推动一个事物由量变向质变发展的重要因素。例如，交通速度的不断提升，对我们的生活和工作都产生了巨大的影响。

要想通过想象力训练来大幅提升记忆力、学习能力，那么，想象就不仅需要生动，而且要快速。

我们判断一个人的脑袋瓜是否聪明，往往就是看他的反应速度快不快，他解决想问题的速度快不快。大脑运转的速度，是一个人智力水平的重要表现。而大脑运转的速度，是可以通过快速的想象力训练来提升的。

所以，我们在进行想象力训练、记忆力训练的时候，经过基础的生动想象训练之后，就进入了快速的想象训练。对于我们要记的资料，不仅要用最快的速度记住，而且要尽量用最快的速度说出来。整个想象的过程，要尽可能地快，要挑战自己的速度极限。

例如，一副扑克牌的记忆，刚开始能熟练运用记忆方法的时候，可能需要10分钟左右才能记住一副扑克牌。然后经过不断的刻苦训练，看看能不能在3分钟以内、甚至1分钟以内记住整副扑克牌，不断地挑战自己记忆速度的极限。

又例如，圆周率小数点后100位，通过记忆方法记住之后，看看能不能用最快的速度把这100个数字背诵出来，例如10秒钟以内流畅地背诵出这100个数字。

绕口令也是训练快速想象的一个很好方法。有些绕口令比较长，在图像记忆方法的帮助下可以更快地记住，而且当我们说的时候，在想象力的引导下，可以更快、更流畅地说出来。

对于经典的背诵也要求速度尽可能的快。例如，当我们记住了整本《道德经》之后，看看能不能用最快的速度背诵出来。《道德经》共5000字左右，如果用最快、最流畅的速度来背诵，10分钟左右就能背完。

从以上看来，想象力与记忆力有着千丝万缕的联系，想象力训练，其实就是图像记忆能力的训练。在训练记忆力的同时，就是在训练想象力；反过来，在训练想象力的同时，就是在训练记忆力。

通过快速的想象力训练、快速的图像记忆训练，我们的大脑在高速地运转，不仅对我们的记忆力、注意力、理解力等学习能力有很大帮助，而且，我们的思维速度会越来越快，我们的脑袋瓜会变得越来越聪明。

清晰

清晰，是指想象的图像要尽可能的清晰，闭上眼睛在额前的虚拟屏幕中能看到清晰的画面。

对于大部成年人来说，要训练清晰的想象力估计是没什么指望了，不过，许多艺术家（尤其是画家）往往具有非常清晰的想象能力。对于中小学生（尤其是小学生）来说，清晰想象的能力还没有完全消失，所以，我们常常会帮助中小学生训练清晰想象力。

训练清晰想象力的方法，主要是黄卡、曼陀罗卡的训练，还有额前的虚拟屏幕想象训练，一些脑波音乐也会有很好的效果。对于成人来说，静坐放松冥想也是训练清晰想象力的方法，不过这通常需要比较长的时间。

大量

想象力的训练，主要就是训练以上的生动、快速、清晰3个方面。但是，这3个方面的训练要想获得很好的效果，不是蜻蜓点水般训练一下就行，更不是稍微掌握一点方法就行，而是需要反复的大量训练。

任何能力的训练，都遵循"熟能生巧"的规则，只有通过反复训练，熟练到一定程度，才能运用自如。弹钢琴就是一个很典型的例子，光是练习那10个手指，就需要下好几年的苦功。

在掌握基础的记忆方法、想象技巧之后，更重要的，就是进行持续的想象力、记忆力训练，不断去磨炼、提升这些能力。

大量的训练，需要训练素材。基础的训练素材主要是词语和数字。而持续训练，最好的素材就是古诗词、古文、国学经典等内容，尤其是儒释道、诸子百家的经典文章，不仅有大量的素材供我们训练，而且一边训练、一边积累，既达到了训练的目的，而且也能增长我们的人生智慧。

持久的想象力训练是很有必要的。大部分孩子，把钢琴练得很熟练了，如果不去做钢琴家的话，这个弹钢琴的能力对未来的人生也不见得有很大的好处。然而我们的想象力，通过大量的练习，把想象力的生动、快速、清晰这3方面都训练到极致，不仅可以极大提升学习能力，而且对我们整个人生都会有巨大的影响，那是不是更值得我们多花一些时间和精力来进行训练呢？

闭目学习法

闭目学习法是我们经过大量实践和思考之后，总结出来的提升学习能力的核心方法之一。

闭目学习法的重点是两个：一个是闭目，另一个是想象。

事实上，闭目学习法的目的是更有效地训练想象力，以及把想象力的威力更有效地发挥在学习上。

当我们进行想象的时候，可以睁开眼睛想象，也可以闭上眼睛想象。

人们在大多数情况下，都习惯运用睁开眼睛想象的方式。例如在看小说的时候，小说的人物、情节，都通过我们的想象在脑海中生动地展开。我们边看小说边组织想象，这个时候是睁开眼睛想象的。

大多数人的闭目想象，一般出现在睡觉前和醒来之后的那些时间段。这个时候，眼睛已经闭上了，而意识是清醒的，除了一些抽象的思考之外，很多时候都是想象着一幕幕生动的画面。

我们的图像记忆训练，就是通过引导学员有技巧地展开想象，从而达到训练想象力、提升记忆力的目的。很多时候，这种想象都是睁开眼睛的。即使我们平常在训练快速记忆大量无规律数字的时候，往往也是睁开眼睛进行训练的。

可以说，睁开眼睛的想象训练，是非常有效的，也是常见的训练方式。

那么，我们为什么要提倡"闭目想象"、强调要闭上眼睛来想象呢？

最主要的原因在于，相比睁开眼睛想象而言，闭上眼睛来想象，图像会更清晰、更生动、更有冲击力。

经过长时间的主动闭目想象训练，我们的想象力会越来越清晰、生动、丰富。尤其是小学阶段或更小的孩子，他们的精气神还处于很旺盛的阶段，清晰想象的能力还存在，所以，经过一段时间的闭目想象训练，往往能够想象出非常清晰、非常逼真的图像，甚至可以出现更神奇的能力。

右脑训练中的黄卡、曼陀罗卡等训练，就是通过闭目想象的方式，训练清晰想象力，深入地开发孩子的右脑潜能。

年龄大一些的孩子，通过闭目想象训练，当想象力越来越清晰生动，到一定程度也可以训练出类似照相记忆那样的能力。也就是说，当他进行回忆的时候，脑海中可以清晰地浮现出相应知识所在的页面、段落。

例如，当他回忆某段英文课文的时候，脑海中就可以清晰地浮现出这段课文所在的页面，仿佛翻开书本一样，清晰地"看到"那个段落，然后根据所"看到"的，一字不漏地读出来。哪个单词在第几行、第几个，都"看"得一清二楚。

在我们对孩子进行闭目训练的时候，例如训练一篇文章的记忆，先找出关键词进行串联想象。刚开始，通过闭上眼睛来想象，想象会非常清晰和生动，很快就能把关键词一个不漏地按顺序记住。

然后，我们通过计时训练的方法，让孩子的想象回忆越来越快，到一定程度之后，词语已经非常熟悉了，中间的想象过程慢慢就忽略掉了，而直接可以在脑海中清晰地"看到"每个关键词，以及这些关键词所在的位置，某个关键词在第几行、第几个，都能"看"得很清楚。

以后再回忆的时候，就直接回忆出相应的课文页面，好像真实翻开书本一样"看到"所需要的知识点，而不一定需要通过图像来展现了。

自己一个人进行复习的时候，也可以经常使用闭目学习法。听完一堂课之后，在课间花上两三分钟的时间，闭上眼睛，把上堂课的主要内容在大脑中快速地"看"一遍，这样的复习，不仅有利于牢固地记住知识，而且养成闭目复习的习惯，可以让想象力越来越清晰。

在晚上睡觉前，也可以进行闭目复习，把当天所学的重点内容在大脑中快速地浮现出来，快速地复习一遍。

有一个六年级的孩子，在笔者的指导下，不仅对图像记忆方法有很大的热情，而且能自觉地运用闭目学习法，每天课间、晚上睡觉前、甚至起床之前，都会花上几分钟时间，闭上眼睛来回忆各科的知识点（例如数学公式、英语单词、诗词文章等）。结果在短短半年的时间，他的学习成绩有了突飞猛进的进步，从原来班上的中上水平跃升到毕业考时的班上第一名，并且成为班上唯一考进市里最好中学的学生。

能够让想象力不断提升，从而达到类似照相记忆那样的神奇记忆力，并进一步深度开发大脑的各种学习潜能，这就是闭目想象训练的意义所在，也是闭目学习法的威力所在！

闭目学习的重要性

闭目学习法与传统学习法最明显的区别是，闭目学习法强调闭上眼睛进行想象学习。闭上眼睛之后，通过眼前的虚拟屏幕、运用想象力来进行学习和回忆等活动。

在传统的学校教学之中，老师很少有要求我们进行闭目想象或闭目回忆等环节。而学生们在学习的时候，例如背课文，通常是一篇课文反复地诵读，直到基本上读熟、记下来了，这整个过程都是睁开眼睛来进行的，很少主动闭上眼睛来进行回忆或想象。有时候即便是闭上眼睛回忆了，通常也只是进行声音回忆，而不是图像或文字回忆。

对于背课文或背单词等学习，为什么老师很少要求我们闭目回忆，我们自己也很少进行闭目回忆呢？那是因为，在运用传统死记硬背的方法来进行记忆的时候，用的是声音记忆，那么回忆的时候自然也是声音回忆了。而声音是通过耳朵传输的，是耳朵在卖力干活，眼睛和想象力并不参与记忆的过程，因此也就不需要去管眼睛是睁开还是闭上了。

那么，我们为什么要闭上眼睛来学习？主要有两个原因。

第一个原因：闭上眼睛之后，会进入非常好的学习状态。

从脑波的角度来看，最好的学习状态是处于 α 波时的状态。α波是正常人脑电波的基本节律，其频率为每秒8~13次。那么，α波是在什么时候出现的呢？根据脑科学家研究，人在清醒、安静并且闭目时，α 波最明显。当睁开眼睛或受到其他刺激时，α 波即刻消失。请注意，这里说到的是，α 波是闭上眼睛之后才出现，而一旦睁开眼睛，α 波就会消失。所以，闭目是进入 α 波学习状态的前提条件之一。虽然闭上眼睛，并不一定会出现 α 波（例如心情烦乱的时候就不会出现），但如果眼睛睁开，α 波就很难出现。由此可见闭目学习的重要性。

第二个原因：闭上眼睛，是人类追求根本真理、开发人类潜能的必要手段。

黄庭禅创办人张庆祥讲师曾说："专注在内是进步的阶梯。"这里所说的"内"，主要是指内心。要专注在内心，首先要闭上眼睛才行。眼睛一睁开，立刻就会受到外界各种信息的干扰，导致无法专注在内。

佛祖释迦牟尼在最后传法的时候说："吾有正法眼藏，涅槃妙心，实相无相，微妙法门，不立文字，教外别传，付嘱摩诃迦叶。"

佛祖所说的"正法"，指的是最正确、符合大道的法门。"眼藏"的其中一个意思是，要修习正法，需要把眼睛藏起来，也就是要闭目内观，专注在内。

"涅槃妙心"说的是无相的心法，也就是《金刚经》里所说"应无所住而生其心"的心法，通俗地说就是我们内心的气血动荡不要为贪嗔痴等挂碍所攀附。

"不立文字"，指的是这种正法，是通过闭上眼睛、向内感觉体会才能获得的，跟外在的文字毫无关系。

"教外别传"，指的是在佛教原有的体系之外，另立一个分支，也就是后来传入中国的禅宗。

我们知道，儒释道三教的修行，佛教的禅定，道教的丹道修炼，儒家的正襟危坐、闭目养神，都是需要闭目垂帘的。闭目入静，是修心养性的基本要求，因为一旦眼睛睁开，就容易受到各种干扰。

《金刚经》里说"应作如是观"，《心经》开头说"观自在"，《道德经》首章说"故常无欲，以观其妙；常有欲，以观其徼。"这些"观"字，都是指闭上眼睛去体会内在的各种感受。

要证悟大道，获得终极智慧，最基本的手段之一就是要闭目内观。闭上眼睛去体会我们身体内尤其是内心之中所发生的一切，然后才能够取得不断进步。

闭上眼睛，专注在身体内的感觉之中或者展开各种想象，这跟睁开眼睛来接受外界的各种刺激，可以说是两个完全不同的世界。而前者（闭目）是人类获得智慧的必要条件之一，可见闭目学习是多么的重要。

然而，我们传统的教育，一直忽略闭目学习的重要性，不懂得引导学生进行闭目回忆、闭目想象，更谈不上进一步引导学生提高学习效率、开发大脑潜能，这不能不说是一件非常遗憾的事情。

迅速提高记忆力
的最新技巧

————
————

第五章

————

要想真正提升记忆力，就不能
仅仅停留在记忆方法的学习上，而应
该进行系统的记忆力训练。

如果能够提高记忆力，这无论对什么人来说，都应该是一件不错的事情。中小学生、大学生要应付考试，当然需要提高记忆力，而很多成年人，也想要提升自己的记忆力。

成年人之所以想要提高记忆力，原因多种多样。有的人主要想背单词，例如考研英语、出国英语、职称英语等；有的人主要是为了应付职称考试，例如会计、法律等专业领域；有的人是为了提升学习能力，从而提升自己的职场竞争力；有的人是想要成为记忆大师，进入记忆培训行业；还有的人想要用来记忆麻将、扑克；还有一部分为人父母的，则是想自己先训练，然后教给孩子……

要想真正提升记忆力，就不能仅仅停留在记忆方法的学习上，而应该进行系统的记忆力训练。

有很多人，刚开始接触记忆方法的时候，很感兴趣，以为掌握了一些简单的方法就能有神奇的改变，但进一步了解到还需要长期的训练、练习之后，不少人就开始打退堂鼓了。

事实上，如果不经过系统训练的话，只学一些简单的方法，很难运用到复杂的情况之中。如果没有形成稳固的新习惯，一旦遇到复杂的情况，记忆方法难以轻松运用，人们就很容易回复到死记硬背的老习惯中了。

要想真正提高记忆力，就必须有长久的训练计划，养成新的记忆习惯，并且能够熟练地把记忆方法运用到各种复杂的学习情况之中。

系统的记忆力训练，大致上可以包括基础训练、应用训练和提升训练这三个部分。

　　基础训练主要包括词语记忆训练、诗词文章记忆训练和数字记忆训练。

　　词语记忆训练（包括具体词语和抽象词语的记忆训练）主要是训练我们基础的联想能力，帮助我们熟练掌握基本的记忆方法；诗词文章训练是把基本的图像记忆方法运用到相对复杂的诗词、文章的记忆之中，能帮助我们应付一般的中文资料记忆；数字记忆训练是为了让我们的想象能力和记忆力能得到充分的锻炼。

　　基础训练看起来比较简单，但必不可少。有些人不太乐意进行反复的基础训练，想要马上就进入到那些复杂的应用之中，也就是说稍微掌握了一些简单的记忆方法，就立刻用到专业的学习上。结果却遇到很多困难，经常想半天也想不出很好的联想方法，记忆速度反而比死记硬背还要慢，于是以为记忆方法不实用，也就把记忆方法抛到一边，无可奈何地继续用以前的死记硬背方法。

　　很多人觉得词语记忆、数字记忆和那些普通的诗词文章记忆，这些在自己的学习中都不大能用得上，不是自己的需求所在，似乎跟自己没有什么关系。殊不知基础的记忆力训练属于基本功，基本功不扎实，威力就难以发挥出来。就像练武一样，要扎马步、要练气力，如果下盘不稳、又没有气力，那么再好的招式也只是花拳绣腿，根本不实用。

　　基础记忆力训练的目的，一个是要能熟练运用记忆方法，另一个是要养成运用图像记忆的习惯。要达到这两个目的，就必须有足够的训练量。因此，基础训练，至少要进行数十组的词语记忆训练（刚开始是具体词语，然后逐渐过渡到抽象词语）、进行数十篇的诗词文章记忆训练（从简短逐渐过渡到长篇）、要经过反复的数字记忆训练（直到能轻松牢记任意的数十个无规律数字为止），才能够打下扎实的基础，然后才能够进入复杂的专业资料记忆之中。

有了充分的基础训练之后，我们就可以逐渐转入应用训练之中。学以致用，基础训练是为了应用训练做准备的。

应用训练主要是针对具体的应用领域来进行，例如，比较普遍的英语单词记忆训练，或者各种专业知识，如政治、经济、会计、法律、医学、移动通信等。基础训练是人人都一样的，然而应用训练是很个性化的，要根据自己的具体需求来进行。

专业书籍、专业资料之所以难记，就是里面充满了大量的专业术语，而这些专业术语往往是高度抽象的。图像记忆方法，用来记忆具体的、生动的内容，是非常轻松的，然而，遇到抽象资料的时候，就不得不费一番工夫了。

图像记忆方法是否能够顺利地运用到专业资料的记忆之中，就取决于我们是否能把这些抽象的专业资料灵活地转化为生动活泼的图像，而这是需要一个过程的。

例如记忆英语单词。经过了基础记忆训练之后，我们对于日常词语、普通文章、无规律数字的记忆，可以做到得心应手。但一碰到英语单词，可能就会傻眼。因为英语单词的那些字母组合，都是很抽象的，如果我们没有掌握把单词转变为生动图像的方法，那我们在词语、数字上的那些非凡记忆力，就完全没有用武之地。就像你的足球已经踢得很溜了，但如果你第一次拿起球杆来打台球的话，也只能是干瞪眼。

因此，每一门专业的科目，都有一个重新摸索的过程，要把这门科目里的专业词汇转化为生动的图像，而这种经验是没有办法完全迁移的。例如，背单词的方法掌握得很好了，遇到政治学，就得重新琢磨那些政治学词汇；而政治熟练了之后，遇到经济学，就得重新琢磨那些经济学词汇；诸如此类。

有些人可能就有疑惑了：既然每门专业科目都得重新开始琢磨，那么，之前的基础记忆训练，它的必要性又在哪里呢？

事实上，基础记忆训练确实是很有必要的。我们知道，图像记忆的4大步骤之中，最基础的是图像转化和图像联想两个步骤，图像转化是把资料转化为生动的图像，图像联想则是在这个基础上把一连串的图像快速地记住。

不同的专业科目，都需要重新开始琢磨第一个步骤，就是怎样把抽象的专业术语转化为图像。然而一旦这个步骤完成了之后，后面的图像联想以及图像定桩，都是我们在基础训练中得到大量训练的，马上就可以很轻松地展开。

这就像弹钢琴，即使我们的钢琴已经有十级的水平，但我们刚拿到一个新乐谱的时候，还是得花一些时间来慢慢熟练这个乐谱，经过由生疏到熟练这个必不可少的过程，然后我们才能弹奏出优美的乐曲。每遇到一个新曲子都得花时间重新熟悉，但是，我们演奏的基础功力就在于，一旦我们熟练了这首曲子，我们所演奏出来的曲子，就比那些基础不如我们的人所演奏的要动听得多。

有些人提高记忆力，主要是为了应付专业考试，那么，在充分的基础训练之后，就可以进入应用训练。另外有些人，可能并不需要应付专业考试，只是想通过提升记忆力而让自己的学习、生活、工作都变得更有效率。对于这部分人，在进行基础训练之后，就可以进入提升训练。

记忆力的提升训练主要包括数字记忆训练和国学经典记忆训练。

有些人可能会问：数字记忆训练在基础训练里不是进行过了吗？为什么还要提升呢？

我们上一章说过，记忆力训练的核心是想象力训练，而数字记忆训练是帮助我们进行想象力训练的一个非常好的工具。基础训练中的数字记忆训练，只是要求达到能轻松、熟练应付就可以了，而提升训练中的数字记忆训练，需要我们进一步提升记忆速度、加大训练量，从而让我们想象力的生动、快速、清晰等方面都可以持续提高。

所以，如果要进一步对我们的记忆力进行提升训练，就需要在数字记忆训练这个项目上再多下苦功。

提升训练中另外一个项目是国学经典的记忆训练，这是更为重要的一个训练项目。

我们平常所需要记忆的内容，大部分是文字，而文字组合是千变万化、无穷无尽的，为了提高我们的文字记忆力，就需要进行大量的文字记忆训练。国学经典（包括优秀的诗词、古文、诸子百家的经典等），就给我们的文字记忆训练提供了充足的训练素材。而且，国学经典，很多是比较抽象的，这对于训练我们对抽象文字的记忆，也非常有帮助。

更重要的是，我们拿国学经典作为提升训练的素材，在训练的过程中，我们接触到、甚至记住了越来越多的国学经典内容，这不仅让我们的想象力越来越自由、灵巧、生动、有创意，而且，对于我们积累知识、增加学问、领悟人生，都有很大的帮助。

古人为什么学问做得很好？跟出色的记忆力以及通过记忆来积累经典内容是分不开的。当你要思考一个问题的时候，可能同时需要回忆好几本书的内容，那个时候，你有可能不在书房，即使在书房，也不那么容易把那几本书都一一翻出来看。而且，如果你连一个稍微长一些的经典片段都回忆不出来，或者说，所积累的经典片段不够，无法完整细致地浮现出来，那么，你就很难利用零碎时间进行最有效的思考——而这个零碎时间，很有可能占了你一天可利用时间的80%。对许多人来说，80%的时间都被浪费掉了，但学了记忆方法的人可以进行充分利用，可以想想看，谁会进步更快？

如果我们没有很好的零件，怎能做出很好的汽车？如果我们没有很好的剧本，怎能拍出精彩的电影？如果脑海中没有经典的内容，又怎能作出很有深度的思考？

我们的大脑中积累的经典内容越来越多之后，我们就可以慢慢养成深入思考人生的习惯。例如，在搭地铁的时候，可以回忆《论语》里"君子有九思"的内容，检查一下自己最近的行为举止，看看哪里做得不好，应该改善；或者拿着一杯咖啡看着窗外风景的时候，可以回忆诸葛亮《隆中对》或《出师表》的内容，仔细品味一下其中哪里很出色、哪里有所欠缺；在公园散步的时候，可以回忆一下西游记第五十回的开篇词《南柯子》，慢慢体会里面所讲的明心见性的道理；在开车赶路的时候，可以回忆《道德经》最后一章，仔细品味一下"为而不争"的人生境界；在功成名就的时候，可以回忆《易经》"谦卦"的卦辞爻辞，琢磨一下里面所讲的做人道理。

数字记忆训练的重要意义

在记忆力训练项目之中，数字记忆训练是最基础、也是最重要的项目之一。

数字记忆训练为什么这么重要呢？这有几个原因：

数字记忆训练是世界通用的

阿拉伯数字全世界都一样，不分国家和地域。因此，当我们要在世界范围内进行比赛，看谁的记忆力最好的时候，数字记忆就是一个通用的比赛项目。在每年举办的世界记忆锦标赛中，数字记忆就是其中最常见的项目。

数字记忆非常实用

数字是日常生活、学习和工作中很常见的内容，每个人都少不了要经常记一些数字资料。例如我们要记忆一些历史年代、记忆某些重要数据或者记忆某些密码，这些都是常见的记忆内容。通过数字记忆训练，能让我们在记忆数字资料的时候可以更轻松、更高效。

通过数字记忆训练，对中文的记忆训练也有很大帮助

数字编码本身就是中文词语，在记忆数字的时候，其实也就相当于在记忆中文词语。无论是串联记忆圆周率，还是用地点桩记忆大量的无规律数字，这个过程，其实就是在训练我们的图像联想能力。

另外，我们在记忆长篇资料甚至一整本书的时候，常常需要用到数字桩。数字桩可以帮助我们更快更牢地记住大量的资料，因此，通过数字记忆训练，而加强对数字编码的熟悉，就显得非常重要了。

进一步激发我们的大脑学习潜能

数字记忆训练，能不断挑战我们的记忆速度极限，让我们在高速的清晰想象之中保持高度专注的状态，这对全面提高我们的学习能力，甚至对深入开发脑潜能，都有很大的帮助。

当我们运用"海马记数字"软件来进行数字编码反应训练，当每组数字以0.4秒左右的间隔来显示的时候，我们要在这么短的时间之内把数字的编码回想出来，并尽可能清楚地回忆出每个编码的图像，这就是一个大脑高度专注的状态。而当我们能够达到以2秒以内的间隔速度来进行数字记忆的时候，也就是说，平均不超过2秒的时间就要记住一组数字（两个数字为一组），一分半钟左右要记住100个无规律数字。在这个记忆的过程中，大脑在不断地进行着高速的想象，脑海中以极快的速度在进行着一系列的清晰的图像想象。那么，这个时候，我们的大脑会处于一种高度专注的状态中，根本不可能有哪怕是0.1秒的分心。

如果我们经常进行这种高速想象的训练，那么，我们的想象力、记忆力、注意力都能够得到很大的提高！我们的整个学习状态、学习效率也会不断提升！事实上，一个人的注意力通常会跟随他大脑的想象内容，想象在哪里，注意力就在哪里。所以，高速的想象训练，对于提高注意力、保持大脑的清新高效状态，会非常有帮助。

当我们学习状态不好、注意力不集中的时候，训练一下数字编码的快速反应，进行几次数字记忆练习，很快就能进入高度专注的状态。

曾经有个读高中的学员，他学过我们的记忆方法，有一次在电话里问笔者怎样才能尽快提高学习成绩。在电话里，三言两语也没法说清楚，于是笔者就建议他重点进行数字记忆训练，坚持每天抽时间来训练无规律数字的高速记忆。他按照笔者的建议去做，结果两个月后他又打电话过来说，这次的期末考试，他的成绩在年级里进步了一百多名，重新找到了学习的自信。

为什么数字记忆训练能够帮助学习成绩提高？最重要的原因，就是通过数字记忆训练，让大脑的想象和思维更清晰，让注意力更集中，这样，学习效率自然就会提高了。

为了要感受、体验、锻炼那种高度的专注状态，让大脑能时刻保持清澈专注，我们应该努力进行数字记忆训练，让大脑进入专注而高速的想象状态，不断提高记忆速度，不断挑战自己的记忆极限。

我们要认清数字记忆训练的重要意义，并体会到进行数字记忆训练的巨大乐趣，以体验专注状态为乐、以不断挑战自我为乐、以开发大脑潜能为乐。

不是为了比赛、不是为了表演、不是为了炫耀，而是为了挑战自我极限、为了保持大脑的高度专注能力、为了从根本上提升学习能力，我们也应该好好地进行数字记忆训练、努力提高自己的数字记忆速度。

重新定义记忆大师

"记忆大师"这个名词有两个含义，首先是指在记忆力这个特定领域之中的专业人才，然后是要达到大师级别的。

那么，什么样的水平才能算在记忆力这个领域之中达到大师级的程度呢？

按照之前的界定，一般在掌握图像记忆方法的基础上，能够快速地记住许多无规律数字（例如3分钟记住100位无规律数字），然后又能够多少倒背如流一些长篇文章（例如《琵琶行》、《长恨歌》等）或者一两本书（例如《道德经》、《孙子兵法》等），就可以称为记忆大师了。

然而，现在看来，达到这样水平的，应该只能算作记忆力领域的入门级，而远远不能达到大师级。

为什么这样说呢？主要有两个原因。

首先，记忆大师应当是相对图像记忆领域的专业人才而言的，而不能相对于普通人。

掌握了图像记忆方法的人，经过一段时间的训练，某些方面的记忆力比没有经过任何训练的人，自然会显得出色一些。然而这只能表示这些人已经进入了图像记忆领域，并不代表他成了图像记忆领域的大师。

例如，围棋大师，至少要达到某个专业段级以上（例如专业四段），才能称为围棋大师。总不能说，一个会下围棋的人，跟另一个不会下围棋的人一比，就成大师了。

再如，文学大师，至少要有一部脍炙人口、流芳百世的作品，才能称得上文学大师。总不能说，一个人会写两篇文章，跟另一个不会写文章的人一比，就成大师了。

所以，要成为记忆大师，首先要跟图像记忆这个领域的专业人才来比，而不是跟没有学过记忆方法的人来比。

其次，最根本的是，记忆大师应该要有相当程度的文字记忆量作为积累才行。

以前衡量一个记忆大师，主要是以数字记忆、扑克牌记忆等作为衡量标准（例如世界记忆锦标赛上的"世界记忆大师"标准）。

事实上，数字记忆、扑克记忆这些内容，其实是有一些讨巧成分在里头的。因为常用的数字编码也就那么100个，只要反复把这些编码弄熟，然后多加训练就行了。

然而，提升记忆力对大多数人而言，最重要的是用来记忆文字性的内容（对于我们中国人而言，就是中文内容），例如各种知识点、考试资料、国学经典等。

而跟数字资料相比，中文资料的内容是远远复杂的。数字资料只有100个基础图像进行反复组合，无论要记多少数字，那些相应的基础图像总是很熟悉的；而文字资料，几乎每一个词语就是一个基础图像，一本书里面，或许大多数图像都是我们第一次构思的、根本不曾熟悉过的。

所以，对于掌握图像记忆方法的人（甚至一些获得"世界记忆大师"称号的人）来说，让他们记杂乱无章的数字，他们会觉得很容易。但如果让他们记相应字数的古文，或许就会觉得难很多了。

在中国，作为一个记忆领域的专业人才，如果不去持续地记忆更多的中文资料，而是停留在数字记忆等基础的层面，那么，记忆能力对于个人的学习成长，其实是起不到多少作用的，只是能用于表演宣传罢了。

因此，如果我们有很好的记忆力，而不去记更多的中文资料，那么，不仅浪费了我们这么好的能力，而且，这只能算作记忆入门的程度，而不能成为记忆领域的大师级别。

例如，一个人如果颠球水平很高，能连续颠好几千个球，但他的踢球水平不高，没有取得过什么突出成绩，也难以称之为足球大师。

再如，数学大师，至少要在数学领域有多年的研究，并且在某个分支上有深入的造诣，甚至要取得某些突破性的成就，才能称得上数学大师。如果一个人加减乘除运算得很快，即使比计算器还快，但如果他在数学研究上没有突破性的贡献，也算不上数学大师。

综合以上两个理由，我们认为，一个人要达到记忆领域的大师级别，必须不断积累文字记忆量（当然，积累的应该是有用的或者经典的文字，而不是垃圾文字）。

那么，要达到多少文字记忆量才能勉强称得上记忆大师呢？

以国学经典而言，《道德经》、《金刚经》、《孙子兵法》都是5000字左右，《论语》1.5万多字，《庄子》内篇1.6万字左右，《孟子》3.5万多字，《诗经》、《皇帝内经》等的字数就更多了。

如果能熟练地运用图像记忆方法，那么，背下一本5000字左右的《道德经》，快一些的，只需三五天就能做到。

假如每天抽一个小时来进行记忆，那么，一年背下一万字左右的经典，应该是没有什么问题的。

如果要想在记忆这个领域比其他记忆专业人才做得更好，那么，每天花一个小时左右，连续用功10年，这是一个比较基本的要求吧？

按照每年1万字的积累量来计算，连续10年，可以积累10万字（当然，背熟之后还是需要复习好几次的）。也就是说，10年之后，应该可以做到滔滔不绝地连续背出10万字的国学经典内容。

以字数来计算不是特别合适，那么，可以把10万字的文字量粗略地相当于10部国学经典。

光有国学经典不够，还应该加上两部文学经典。

我国四大名著的字数，《红楼梦》、《水浒传》、《西游记》这三部，大约都是120万字，《三国演义》约100万字。

当然，也不限于四大名著，其他比较长篇的文学经典也是可以的。

文学名著也不一定要一字不漏地记忆，但是可以按照章节来记忆故事情节，例如《三国演义》共一百二十回，要清楚地记住每一回的标题、里面的主要情节，我们可以一回接一回把故事情节清楚地讲出来（这对训练我们的想象力也很有帮助）。然后，可以从里面选择一些精彩的诗词、对话或描写，尽量争取一字不漏地记住。有闲暇的时候，就可以闭上眼睛，细致地回忆那些精彩的故事、悠闲地品味那些优美的文字。

最后，我们总结一下，如果想要在记忆这个领域达到大师的级别，那么，至少要能记住10部国学经典以及两部文学经典。

达到这样的程度，或许勉强算得上一个记忆大师了。

这么猛一看好像有点吓人，但事实上，许多非记忆专业的人，都能记住大量的资料，例如茅盾能把一百二十回本的《红楼梦》背出来。

那么，作为专业的记忆人才，比茅盾多记一点，要求应该也不算过分了。

普及图像记忆，是一件任重而道远的事情，让我们从现在开始努力吧，希望10年之内能够成为一个真正的记忆大师，在自己成长的同时，为中国的记忆事业作出应有的贡献！

高效学习方法的核心是关键词

相信很多人不仅希望能够提升记忆力，更希望能够全面提升自己的学习能力，让我们的注意力、阅读力、记忆力、理解力、思维力、想象力甚至创造力都能持续提高，拥有无与伦比的高效学习能力。

图像记忆方法，是帮助我们提高记忆力、注意力、想象力的很好的工具。除此之外，快速阅读和思维导图的方法是我们应该掌握的。快速阅读的方法，能够提升我们的阅读速度、阅读能力，而思维导图的方法，可以帮助我们提升理解能力和思维能力。

我们把图像记忆、快速阅读、思维导图这三大学习方法，称为"21世纪三大高效学习方法"。要想全面提升自己的学习能力，就需要经过系统的学习和训练，熟练地掌握并运用这三大学习方法。

本书主要是讲记忆力训练原理，所以对于快速阅读和思维导图的方法，也就不展开详细论述了。在这里，我们想要强调的是，这三大方法，一个是针对记忆、一个是针对阅读、一个是针对理解思维，看起来彼此之间的相关性并不是太强，然而，如果你经过一段时间的深入学习和熟练运用之后，你就会发现，这三大学习方法之间，有一个共同的核心把它们紧紧地整合在一起，这个核心就是：关键词！

如果我们要记忆一篇文章，那么，首先就要从这篇文章中找出一些关键词。词语记忆是文章记忆的基础，我们不大可能也没有必要对文章中的所有词语展开联想，我们只需要把每个句子或段落中的关键词找出来，然后展开联想记忆就可以了。

因此，图像记忆运用的关键，是要找到合适的关键词。

对于理解来说，最重要的是什么呢？应该是找到重点，理解文章的中心意思。

那怎样才能找到重点？文章的重点究竟在哪里呢？当我们去阅读、思考文章内容的时候，我们就会慢慢发现，文章的重点，其实就在每句话、每个段落的关键词之中！只要找准这些关键词，那么文章的理解就不成问题了！

因此，对于理解来说，最重要的是找准关键词！

不仅理解（思维）、记忆是围绕着关键词来进行的，快速阅读也应该是围绕着关键词来进行的。当我们在进行快速阅读的时候，所要训练的其中一个环节，就是能够快速准确地找出句子、段落的关键词。因为一篇文章最重要的部分，通常只占20%左右的内容，只要把这20%左右的关键词找出来，那么，整篇文章就能够很快理解了。

因此，快速阅读的关键，也是要找准关键词！

现在我们可以看到，三大高效学习方法（图像记忆、快速阅读、思维导图）运用的核心，都是一个相同的东西，它就是：关键词！

整个学习的过程，其实是围绕着关键词来进行的。

对于高效学习来说，最重要的，就是要抓住关键词。要找对关键词。要围绕着关键词来进行学习。

这样一个能够抓住高效学习方法核心，能够把图像记忆、快速阅读、思维导图这三大高效学习方法融会贯通进行综合运用的系统学习方法，我们就把它称为—— 关键词学习法。

如果要给关键词学习法下一个定义，可以这样说：

关键词学习法，就是紧紧围绕着关键词（也就是重点）来进行高效学习的系统方法。它不仅仅是一个方法，更是一个完整的方法体系。

当我们把"关键词学习法"这个概念提炼出来，当我们把教学重点对准关键词之后，我们的面授教学，就开始围绕着关键词的学习来进行。我们教导学生在熟练掌握关键词学习法的基础上，进一步把思维导图、图像记忆、快速阅读的高效学习方法灵活地运用出来。

我们惊讶地发现，许多学员，即使到了初中、高中、大学，很多时候仍然找不准关键词。也就是说，经过了多年的语文学习，孩子们找重点、分析问题的能力仍然没有很大的提高。

我们运用关键词学习法，引导同学们按照科学的步骤，一步步找到核心的关键词，把这些关键词的层次结构整理好、画出来，慢慢对比分析，然后他们就能学会如何鉴别真正的关键词，同时能够非常准确地理解整段话、甚至整篇文章的意思了。

然后我们围绕着这些关键词，教导他们如何运用图像记忆的方法来进行记忆，这样记忆的效率就高很多了。于是，学员们的理解能力、分析能力、记忆能力，甚至阅读能力、鉴赏能力、写作能力，在这种分析整理之中很快获得了提高。

我们要善于围绕着关键词来进行学习，在关键词的基础上，灵活运用图像记忆、快速阅读、思维导图等高效学习方法，我们的学习能力就会越来越强大。

常见问题解答

1. 记忆力是左脑的能力还是右脑的能力？

答：我们知道，记忆力包括很多种，学习上常用的是声音记忆能力和图像记忆能力。这两种记忆能力到底是左脑的能力还是右脑的能力，则不是很确定了。

根据罗杰·斯佩里的大脑割裂实验，发现左脑主要负责语言、文字、符号、逻辑、分析、推理等抽象内容的处理，右脑则主要负责图画、音乐、韵律、想象、创意等生动内容的处理。不过，这种划分其实也是比较粗略的，不一定完全准确。例如，婴幼儿有很强的语音鉴别能力，因此一出生就开始学习母语，然而，科学理论普遍认为婴幼儿是右脑发育比左脑发育快，因此母语学习应该是属于右脑的能力。所以，声音记忆到底是属于左脑还是右脑的能力，就不太好下结论了。

根据我们的设想（还需要科学的进一步论证），右脑应该是负责信息吸收为主的，无论是听觉、视觉等，这些信息都主要是经过右脑来吸收的；左脑则主要负责对右脑的信息进行处理，经过处理之后，就可以进行输出。根据这个设想，我们小时候主要是通过右脑来接触一切、了解一切，长大一点之后，就慢慢开始通过左脑来表达我们的独特想法、见解。因此，对语言、音乐的声音分辨能力和学习能力，小时候比较强，长大之后就减弱了。然而，说话等表达能力，小时候比较弱，长大之后就增强了。

对于图像记忆而言，我们运用的是主动想象能力，而不是被动想象能力，换句话说，我们是需要对信息进行主动加工的，这个到底是左脑能力为主还是右脑能力为主，就难以判断了。在运用图像记忆方法的时候，我们需要积极思考，去找出准确的关键词，这个应该是左脑的能力；而在展开生动想象的时候，主要是右脑的能力。

总体来说，运用图像记忆方法的时候会对左右脑同时进行锻炼，这是没什么疑问的，所以，我们往往把记忆力训练等相关领域的教学，称为"全脑教育"。

2. 右脑的记忆力是左脑的一百万倍吗？

答： "右脑的记忆力是左脑记忆力的一百万倍"，这个说法主要是来自于日本的右脑专家七田真。不过，我们相信，这也只是一个比喻的说法，通过夸张的比喻来强调右脑的记忆力比左脑好很多。按照七田真的右脑理论，右脑负责图像、动画的吸收，而左脑负责声音的吸收，那么，右脑的记忆力自然会比左脑好很多。然而，声音到底是由左脑储存还是右脑储存，这个目前也难以下定论。所以，"右脑的记忆力是左脑的一百万倍"这样的说法，我们也不必太当真。

可以肯定的是，通过系统的训练，熟练运用图像记忆的方法，记忆效率肯定会比原来的机械记忆要高很多。而究竟是右脑的记忆力好还是左脑的记忆力好，我们其实倒不必太在意，毕竟都是我们自己的脑，不必把功劳分得太仔细。

3. 人的大脑能力是不是只开发了5%？

答：大脑潜能开发的理论普遍认为，人的大脑能力其实只运用了一小部分，还有大部分潜能等待开发，然而，至于究竟开发了百分之几，事实上是很难用一个标准的数字来衡量的。我们的人脑，经过开发和训练，确实可以做到许多我们平常难以想象的事情。

4. 经过训练而提升的记忆力能不能遗传给后代？

答：可能会遗传，也可能不会遗传，其实这并不重要。重要的是，当我们掌握了很好的记忆方法、学习方法，我们以后可以把这些方法教给自己的孩子。而且，我们有能力分辨出孩子所用的记忆方法、学习方法是否得当，我们就可以指导他们改进；我们有能力分辨哪个培训机构的教学方法更好，我们就可以把孩子送到适合他成长的培训机构中去接受系统的训练。

记忆能力是可以通过系统的训练而提高的，如果孩子天生的记忆力不是很好，我们可以通过训练而帮助他们提高，至于孩子是否能够遗传我们的出色记忆力，就显得不那么重要了。

5. 记忆力训练对中老年人有没有用？

答：通常来说，人的学习能力就像人体的生理机能一样，到了一定年龄之后就会逐渐衰弱。然而，正如锻炼身体可以让人们更健康、更有活力一样，对记忆力进行科学系统的训练，同样能让我们的学习能力长时间保持在较高的水平。无论多大年龄，经常进行记忆力训练，对保持良好的记忆力和思维能力，都会有很大的益处。

6. 图像记忆法能否让我逢赌必赢？

答：只要是需要用到记忆的地方，记忆方法都有用武之地。打牌（包括扑克和麻将）的时候，图像记忆方法是可以帮助记牌的，但由于出牌的速度通常比较快，如果不是顶尖的记忆高手，通常难以应付这样的记忆节奏。而且，如果愿意花这么多的时间精力来训练记牌，那么，把同样的时间精力花在记忆其他有益的知识上，岂不是更有意思吗？

7. 怎样记住每天的各种琐碎事情？

答：现代人生活节奏很快，每天要处理大量的琐碎事情，可能会经常遗漏某些事项。从理论上来说，记忆方法可以帮助我们牢牢地记住每一件事情。然而，考虑到这些事项完成之后通常都没有再保留记忆的必要，而且每天都会有许多新的事情要应付，如果要记住这些琐碎事项的话，需要耗费大量的时间和精力，因此，我们并不建议用记忆方法来记住这些琐事。

事实上，我自己也很少用记忆方法来记日常生活的事项安排。我会把将要做的事项写在电脑文档里，或者输入到手机短信息之中，经常拿出来翻看一下，看看接下来有什么事情需要处理，然后按照轻重缓急的顺序来一件件处理。那些处理完的事情，就可以及时删除掉。这样，每天的事情可以安排得井井有条，不必担心会错过或遗漏某些事情，也不需要花很多时间精力来记住它们。

8. 经常忘记钥匙放在哪里，怎么用记忆方法来进行记忆？

答：从记忆的原理上来说，我们不经意做的事情，通常不容易回忆起来，这是因为缺乏回忆的线索。而对于随意放置钥匙（或者某个物品）这类事情来说，如果我们在放钥匙的时候能想起应该用一下记忆方法的话，就比较好办。我们可以做一些特别的事情或者通过发挥联想来增加回忆线索。

例如，我们把钥匙随意丢在沙发上的时候，我们可以把另外一个的东西（例如一本书或一个杯子等）刻意地放到钥匙旁边。有了这个特别的动作，我们就容易回忆起来了。又或者，我们可以展开联想，想象钥匙变得巨大而且锋利，钥匙被抛到沙发上的时候，把沙发割开了一个洞而掉到沙发底下去了。有了这个特别的想象，我们就容易回忆起来了。

9. 图像记忆方法能不能用来学习日语、西班牙语等小语种？

答：图像记忆方法用来学习任何语言都会有帮助的。然而，图像记忆的方法，究竟怎样才能灵活地运用到各种专业资料的记忆中，这需要一个琢磨的过程。目前来说，把记忆方法运用到英语单词的记忆上，是很成熟的了，已经有很完善的记忆步骤。然而，由于暂时还没有很多记忆人才来研究其他语种的记忆方法，所以，还需要有更多的有志之士，参与到图像记忆方法的应用研究上来，让记忆方法能够帮助更广泛的人群。

10. 能否在进行中文记忆训练的时候，多用一些现代文、少用一些古文？

答：用现代文来进行记忆训练，当然比用古文要轻松有趣一些。但考虑到两方面的原因，我们还是建议多用一些古文、少用一些现代文。

第一个原因是，古文更多抽象的词语，对于记忆力训练更有挑战性，如果我们连古文都能轻松应付的话，现代文就更不在话下了。而且，从长远来看，记忆力训练总是要不断挑战高难度的，古文记忆这一关，是无论如何都要克服的。

第二个原因是，用来进行记忆力训练的材料，不仅仅能用作训练，最好还要有记忆的价值。有价值的经典文章或者经典著作，还是古文要多一些。而且，近现代的文学大家，他们之所以能写出经典的作品，也跟他们深厚的古文功底有很大关系。从这个意义上来说，多积累一些古文经典，会比积累现代文要好一些。

11，记忆力训练，怎样才能更好地坚持下去？

答：任何事情，反复做得多了，都会变得枯燥乏味，记忆力训练也不例外。人们刚开始学习记忆方法的时候，会觉得新奇、有趣、好玩，但如果让他们长期坚持训练，许多人就会觉得枯燥乏味而难以坚持。

自己一个人做事情，是很难坚持的，因此，最好能找到一个学习环境，融入这个环境，让环境来带动你。例如，找几个伙伴一起来学习记忆方法，一起进行训练；或者参加一些记忆课程，认识一些志同道合的朋友，大家相互鼓励，这样就比较容易坚持下去、成为终生的习惯。

12. 记忆方法既然这么好，为什么没有普及开来？

答：其实两千多年前的古希腊人已经发明了主要的记忆方法，而我国从20世纪80年代开始也有了记忆方法的传播，到21世纪初，记忆方法的传播就更广泛了。然而，为什么到现在还没有像学英语那样普及呢？问题就出在训练环节上。记忆方法不是没有效果、不是没有作用，事实上对人生的发展来说，学习记忆方法或许比学英语更有必要，因为它对人的学习能力和人生各方面都有广泛的影响。这么好的方法之所以暂时还没有普及，主要是还没有搭建出像英语教学和钢琴教学那样的层次递进的训练体系，而仍然停留在基础方法的传播阶段。仅仅有基本的方法而缺乏完善的训练体系，其结果就是很多人学了方法之后无法运用，从而反过来怀疑方法的有效性。

一旦我们搭建了完善的持续训练体系，每个学员都能够从记忆力训练中受益良多，我们相信，记忆方法、记忆力训练就会越来越受欢迎、越来越受重视，很快就能够普及开来，成为每一个人的学习必修课程。

让孩子成为过目
不忘的记忆达人

————

第六章

记忆力培训的主要对象，是广大
的中小学生，因为中小学生的学习压
力非常大，对提高记忆力、提高学习
效率的需求非常迫切。

记忆力训练模式的演变

记忆力培训的主要对象，是广大的中小学生，因为中小学生的学习压力非常大，对提高记忆力、提高学习效率的需求非常迫切。然而，中小学生的记忆力训练，又是最为复杂的。

因为中小学生的自学能力还不强，仅仅给他们讲解简单的方法是远远不够的，还需要做针对性的训练。然而不同年龄层次的学生接受程度也不同，在学校里所学的知识以及学习进度也不尽相同，每个家长对于孩子的学习期望更是不太一样，所以很难进行统一而有针对性的训练，因此也就难以获得让家长普遍满意的训练效果。

为了让中小学生能获得更好的学习效果，多年来，我们在开展网络教学（主要传播基本方法，主要学习群体是成年人）的同时，辗转于全国多个城市，尝试了各种教学模式和训练体系，包括2~4天的方法教学、7天左右的特训营、小班教学、一对一教学、长期训练等，经过多年的实践与思考，基本上已经总结出比较成熟的针对不同年龄层次的中小学记忆力训练和全脑教育模式。

记忆方法在国内比较大规模的传播，是从21世纪初开始，那个时候，有不少人已经接触到了系统的记忆力训练方法，通过刻苦的训练，记忆力在一年半载之内就有了飞速的提升，可以做到许多以前难以想象的事情，例如，可以很快地记住一副甚至好几副的扑克牌，可以快速记住大量无规律的数字，甚至可以倒背如流整本的《道德经》、《孙子兵法》、《牛津英语词典》等。

既然有了这么好的方法，那么，拿出来跟大家分享，也就是很自然的事情了。所以，也就陆续有了一些记忆力培训班。由于记忆原理本身很简单，记忆方法也并不复杂，所以，把方法讲解一下，配合一些基本的练习，大概两天时间就可以讲完了。如果同时分享一下思维导图的方法或者快速阅读的方法，那么，再加上两天时间，也差不多了。

所以，刚开始的记忆力培训班，主要是以分享基本方法为主，因此课程时间一般是2天或者4天，通常利用周末来进行。同时，由于方法是普适性的，也就是无论什么年龄层次的人，都用的是同样的方法，所以，这些培训班的学员就不分年龄了，从小学生到80岁的老翁，都可以在同一个班上听课。

这其实是记忆方法的初期普及阶段。这样普及一段时间之后，就发现了一些问题。

成年的学员（包括大学生）学习记忆方法，主要是想应付专业学习或者职业考试，然而，基本的方法要运用到实践之中，还有一段比较长的距离。也就是说，要把这些记忆方法运用到专业学习之中，肯定会遇到许多困难的。其中一小部分学员对记忆方法的热情比较高，忍受了一个新习惯的适应期痛苦，所以能够坚持下来，越用越灵活，这部分人对记忆方法的评价也就比较高。然而大部分的学员在困难面前止步了，觉得记忆方法难以应用，于是恢复到以前的死记硬背之中了。

毕竟真正自觉去摸索和训练的人是比较少的，大部分人用了一段时间，就觉得记忆方法好像没什么用。而事实上，成年人所需要应用的领域非常广又很复杂，基础的记忆方法没有办法满足他们的主要需求。所以，记忆方法在成年学员中的口碑就不是特别理想，慢慢地，成年学员就越来越少了。到现在，除了我们的记忆力训练网还坚持针对成年人群进行记忆方法普及之外，面授的培训，就很少再招收成年学员了（专门针对大学生人群的记忆课程倒还是有的）。

另外一个课程——思维导图课程倒是有不少成年人在学习，因为思维导图是个很好用的工具，同时是一种比较系统的思维方式，这个方法学了之后还是很好用的，所以，思维导图课程的口碑也还不错。

经过最开始的阶段之后，记忆课程的学员，慢慢就变成以中小学生为主了。中小学生学习记忆方法的热情还是比较高的，这主要有两个原因：一个是中小学生的学习压力很大，迫切需要好的学习方法；另一个是中小学生对于记忆方法的运用，主要集中在诗词文章的记忆以及英语单词的记忆这两个领域，而这两个领域，记忆方法的应用还是比较成熟的，所以能在很大程度上符合学员的需求。即使是其他科目例如历史、地理、生物等的记忆，相对成年人的专业书本来说，也简单得多，这些记忆需求也可以在一定程度上满足。

两天的培训班，对于中小学生来说，也只能学到一个基础的方法，但他们的记忆能力没有得到系统的训练，回到学校之后，也难以应付复杂多变的学习情况，用不了多久，也会很快回复到死记硬背的习惯之中。

记得我们刚开始举办两天短期培训班的时候，孩子们学完之后，有些家长就问我们，接下来还有没有记忆课程？我们回答说，没有了，方法已经教完了，让孩子们多用方法就可以了。

然而，让自主意识并不强的孩子（尤其是小学生）克服各种困难，主动去实践运用记忆方法，是一件不太靠谱的事情。所以，在中小学生成为记忆课程的主要人群之后，为了让孩子们有更好的学习效果，记忆课程的内容和形式就慢慢开始有了一些新的变化。

从教学内容上，出现了专门针对英语课本和单词记忆的培训班，也有专门针对新概念英语的记忆培训班，针对性更强了。教学形式上，则从两天的周末教学，逐渐转变为寒暑假7天左右的记忆特训营。通过特训营的集中训练，孩子们不仅可以掌握系统的方法，更重要的是，可以得到一定程度的训练，这对于形成新的学习习惯，是很有帮助的。

那么，7天左右的记忆特训营，效果如何呢？似乎也不是特别的理想。

毕竟一个新习惯的养成，是需要经过比较长时间的训练的。虽然孩子们在7天时间里做了大量的练习，但经过一个寒假或暑假，回到学校之中，刚刚形成的新习惯也消失得差不多了。而且特训营所招生的学员，初中以上有比较强自学能力的孩子只是少数，大部分还是自学能力比较弱的小学生。即使通过几天时间让他们记住了很多单词、很多课文，但如果没有后续的自觉复习，也会忘掉一部分。而过一年半载之后，遇到一些在特训营中没有掌握的新单词、新课文的时候，他们又不会了，也只能回复到死记硬背之中。

当然，还有另外一个重要的原因，就是孩子的各科考试之中，单纯记忆的内容只是占了一小部分。例如语文，大部分的分数是阅读理解、写作上的。即便记忆力有了提高、基础知识都记得，对于分数的提高，也不会很明显。然而，家长来学习记忆方法的初衷，大部分是为了提高学习成绩。如果我们说可以保证提高记忆力，却不保证提高学习成绩，那么，估计大部分家长是不太愿意接受的。

发现这些问题之后，为了让孩子们的学习成绩确实能够获得提高、学习能力确实能够提升，那么，记忆课程就不得不进行一些调整。

新的改变主要有两个方向：一个是成绩导向的，开发与学校课本结合更紧密的针对性教学课程，例如一对一教学、小班教学；另一个则是能力导向的，以记忆力和想象力训练为核心，开设持续的学习能力训练课程。前者着力于把高效学习方法运用到当前的各科学习中，效果立竿见影，但对于孩子的持续成长未必有很大的帮助；而后者主要是帮助孩子们慢慢培养高效学习能力、激发学习潜能，对长远发展有很大的好处，然而对学习成绩提升的帮助可能需要经过一段时间的训练才会显露出来。

成绩导向的记忆力训练课程

　　对小学和初中生而言，跟记忆力关系比较密切的主要科目是英语和语文。英语背单词对许多孩子来说是个头痛的问题，单词都记不住，句子和课文就更难了。

　　孩子们每天花在学英语、背单词上的时间不少，效率却很低，用死记硬背的方法，虽然有时候一天也能记住十个二十个单词，但很快就会开始忘记，需要多次复习才行。然而，大部分孩子都没有掌握复习的时间规律，所以复习的效率非常低。

　　如果按照小学三年级开始学英语来计算，到高三毕业，一共学了10年英语，10年共有3650天，而高考大纲的英语单词量，也就是3000多个。

　　即使所有的单词都能记住（其实大部分学生估计连3000个单词都

记不住），10年的时间下来，每天所记住的单词也就是1个——这样的记忆效率实在是太低了！

而运用图像记忆方法来背单词，最大的效果就是，记住的单词不容易忘记，稍微复习一下就能牢牢掌握，因此能够大幅提升单词记忆的效率，同时会让背单词的过程变得生动有趣，对于培养孩子学英语的兴趣也有很大的帮助。

事实上，孩子们每天背的单词不需要多，每天能记10个，如果不忘记的话，一年就能把中小学的常用单词全部记住，相当于普通孩子学习10年。

当然，即使用图像记忆方法，也是会遗忘的，不过遗忘速度会慢很多，只要养成及时复习的习惯，稍微化一点时间来复习，就可以记得非常牢了。

许多孩子之所以学不好英语、记不住单词，最重要的就是对英语学习缺乏兴趣，看到英语就头疼，现在，通过发挥想象力，原本枯燥乏味的英语单词变得生动活泼有趣起来，学习的热情自然就会高涨，英语成绩的提高也就在情理之中。

何况用记忆方法背单词，效率确实比传统的死记硬背方式要好很多，不仅可以快速记住刚学过的单词，而且可以提前记住将要学的单词，还可以巩固以前遗忘掉的单词，并且可以积累更多的课外单词，这样一来，要提高英语成绩，应该是很轻松的事情。

对于许多英语成绩不太好的孩子来说，最主要的问题是学习兴趣和单词记忆的问题。然而，对于英语成绩已经比较好的孩子来说，如果想要进一步提升，主要就是语法、语感等方面的问题了。

图像记忆方法，不仅对于背单词有很好的效果，对于背句子、背课文也有很大的帮助。语感不强、语法没学好，最重要的原因就是句子和文章的记忆积累不够。现在的中小学英语教学，对于孩子背诵课文和优美文章的要求不多，这一方面是因为死记硬背原本就难以应付这些任务，另一方面是过分强调做题、做练习等文字游戏。

然而，如果运用图像记忆方法，主动地运用想象力，那么，不仅可以轻松牢固地记住英语课文，同时有足够的时间来多记一些优美实用的英语短文，而且有活学活用的效果。这样一来，英语必然会学得更好，不仅成绩没问题，而且能够真正可以用于交流。这是学习语言的根本方法。

曾经有一个职业中学的英语老师，他学习了我们的英语单词图像记忆方法之后，对这种方法非常感兴趣，立即运用到日常的教学之中，结果在一个月后学校举行的英语单词记忆竞赛中，前10名的孩子都是他的学生，而前3名都是满分。这样的教学成绩是从来没有过的。

考虑到每个孩子的英语基础不同，对图像记忆方法的理解和掌握的快慢也有所不同，如果想要在最短的时间内提升孩子的英语成绩，最好的教学模式自然是一对一教学。

进行一对一教学的最大好处就是，可以完全根据这个孩子的英语基础和学习特点来进行教学。一篇课文，有些单词他觉得很难记，就可以引导他运用自己独特的想象力来进行记忆，而其他比较容易记的单词，就不用记忆方法也可以。有一些单词，之所以不好记，是之前有另外一些基础的单词没有掌握好，因此可以立刻去牢记那些没有掌握好的单词。

如果正在学的课文单词，已经完全记住了，就可以帮助孩子提前去记一些新的单词，甚至可以超前去记住大量的新单词，这样一来，他回到学校学习新课程的时候，就比较轻松了。

我们曾经碰到一些初中的学生，由于读小学时的英语基础很薄弱（有些甚至在小学里没有学过英语），到了初中之后就跟不上。这些学生，如果跟其他有一定基础的初中学生放在一起进行教学，他们肯定也难以接受我们的教学进度。而采用一对一的教学方法，可以帮他们快速记住小学的数百个常用单词，随后针对初中英语课文进行教学的时候，他们就比较容易跟得上进度了。

对于语文的教学，从提升成绩的角度，也是一对一教学的效果最明显。

语文考试主要是3个部分：一是基础知识的掌握；二是阅读理解；三是写作文。其中，基础知识的部分，是需要记忆的，虽然占的分数不多，但有了好的记忆方法，多增加一些分数，也是好的。而阅读理解部分，虽然记忆方法发挥不了什么作用，但其他的高效学习方法，例如关键词学习法、快速阅读、思维导图等，都是有很大帮助的。至于写作文部分，关键词写作法和思维导图的结合，再加上想象力和思维训练，也会起到很好的作用，可以看成传统作文培训的一个重要补充。全脑教育专家汪建国教授在关键词写作法和思维导图等方法的基础上所独创的"说作文训练课程"，对于提升孩子写作文水平，有非常显著的效果，得到了孩子和家长的高度认同。

每个孩子对于语文基础知识的掌握程度不一样，阅读理解水平和特点也不同，写作文的思路特点也不一样，所以，从快速提高学习成绩的角度，自然是一对一教学会更有针对性。

我们的一对一教学，跟目前市面上比较流行的名师一对一教学，最大的不同就在于，我们所教的主要是高效学习方法；而传统的名师一对一，很大程度上是要靠教学老师对于考试内容的把握，针对考题来做训练。

对于想要尽快提升学习成绩的孩子来说，这两种教学模式是可以互为补充的。毕竟传统的一对一教学，即使是有丰富经验的老师来教，也无法教给孩子高效的学习方法。

考虑到一对一教学的费用非常高，不是每个家长都愿意承受，而且暂时不可能有这么多的记忆力培训老师来进行一对一教学，所以，也可以采取小班教学的模式来进行。

小班教学，最好是10个学员以内，要求学员都是同一个年级，最好学校课程的学习进度相当，而且学员的学习能力、学习特点等方面不要有太大的差异。小班教学的教学内容，主要是参考一对一教学的，以快速提升孩子的学习成绩为主。但考虑到每个孩子的接受能力和薄弱环节必然会有所不同，所以，教学内容也只能更偏重于集体训练，而无法最大程度地照顾每个孩子的学习需求。

为了更好地保证教学效果，成绩导向的教学模式通常会分科进行。例如分为语文、英语、生物等各科，因为教学老师不仅要熟练掌握系统的记忆方法，而且要花很多心思去把学习方法跟具体的学科进行结合，所以也就难以同时顾及多门课程。

我们在一对一教学和小班教学上都进行了很多的实践探索，总体来说，对于帮助孩子们提升学习成绩，确实是相当有效的。而且不少孩子都是全方位地提升学习成绩，不仅语文、英语成绩有明显提高，其他各科（包括理科）的成绩也有不同程度的改善。

不过，帮助选择成绩导向教学的家长，往往存在急功近利的心态，当孩子成绩上升到一定水平，没有太大提升空间之后，就以为没有继续学习的必要了。成绩导向的教学，为了能够让孩子们在最短的时间内提升学习成绩，许多具体的记忆方法，都是教学老师先想好，然后让孩子们参照着去进行记忆的。

这样的结果是，孩子们主动运用想象力的机会就少很多了，虽然知识是掌握了，但孩子们没有养成牢固的主动发挥想象力的习惯，记忆力和其他学习能力也没有得到持续的系统训练，无法成为终生的习惯，所以，也就无法获得最大限度的好处。

由于进行的记忆力训练不够系统，训练的时间不够长，孩子们自觉运用记忆方法的牢固习惯并没有养成，所以，很有可能，过了一段时间，就会恢复到原有的机械学习的习惯之中。

只是短暂地提高了学习成绩，而没有打造出卓越的学习能力，无法把高效学习方法运用到未来长远的人生之中，这无疑是一件令人遗憾的事情。如果能够在满意地提升学习能力之后，进一步进行系统的学习能力训练，这样对孩子的长远发展来说，是很有好处的。

能力导向的记忆力训练课程

孩子读小学的家长，由于小学的学习压力还不太大，通常会比较注重孩子的长远发展。而孩子读初中以上的家长，由于面临升学的压力比较大，所以会更注重孩子的学习成绩。

然而能力导向的记忆力训练课程与成绩导向的课程其实并不冲突：成绩导向的是解决目前的紧迫问题；能力导向的，则是解决长远发展的问题，其最终效果，也一定会反映在学习成绩上的。

如果从学习能力训练的整体角度来看，学习能力训练课程主要包括以下几种：

1. 记忆力训练课程

以中文（词语、诗词、文章、古文等）和数字记忆训练为主要训练材料。为了调动孩子的学习兴趣，其训练内容和训练形式倒是可以设计得丰富多彩——后面还会有详细的说明。

2．英语记忆课程

毕竟英语的记忆与中文的记忆有很大差异，所以很难与中文内容混杂在一起，需要单独分出来进行训练。以能力训练为导向的英语记忆课程，最好是用统一的教学内容，例如新概念英语或者其他的英语教材。如果是采取学校的英语课本为训练内容的话，不同学校、不同年级的孩子，其学习进度有很大差异，所以就很难集中在一起进行训练。而且学校课本的英语学习量比较少，总是需要一些课外的补充。广州的张杰和王茂华老师，开设了多年的《倒背如流新概念》课程，许多孩子都可以快速而且轻松地记住大量的单词和课文。

3．作文训练课程

写作文主要是文字表达能力训练，可以通过关键词、思维导图、发散思维等的训练，来提升孩子的文字表达能力。同时，可以进行说作文训练，先说后写，不仅训练写作能力，还能训练语言表达能力，这对孩子长远的发展也有很大的好处。汪建国教授在说作文训练这个领域有了大量的探索与研究，经过训练的孩子，任意给一个主题，在几分钟的准备之后，就可以滔滔不绝地说出一篇结构完整的作文，这种出口成章的效果令人备感惊喜。

4．快速阅读课程

快速阅读的训练，可以包括传统的快速阅读，以及波动速读的训练，同时，可以包括阅读理解和阅读鉴赏的训练。快速阅读对学习的帮助，一方面，对注意力的提高有帮助，另一方面，用在考试上，至少阅读考试题目的速度和效率也有提升。而从长远来说，通过快速阅读训练，而多看了很多书、养成了终生阅读的习惯、培养了出众的阅读能力，这对未来整个人生的学习、工作和生活，都会有很大的帮助。传统的快速阅读课程，国内有许多专家和机构在开展，而且研发了不少速读训练软件。波动速读课程，香港的黎志华老师有着多年的教学经验，孩子们所表现出来的波动阅读能力，确实是令人非常惊讶的。传统速读与波动速读，虽然原理上完全不同，但其实许多训练内容是相似的，因此完全可以整合在一起进行训练。

5. 智商训练课程

虽然智商越高并不代表人生成就越大，但总体来说，智商高的孩子，如果又能认真学习的话，考入理想大学、获得理想工作的比例会相对高一些。国际通行的智商测试，主要是测试人们的图形逻辑推理能力，以及图形的空间想象能力，而这些能力，是可以通过训练而获得提升的。全脑教育专家曾冠茗老师在这方面做了许多深入的研究和探索，从实践效果来看是相当不错的。

除了以上这几个训练课程，跟学习能力有关的还有快速计算、快速书写、速听训练、脑波音乐训练等。相信以后还会有更多的相关训练内容或训练课程，帮助孩子们打造出神入化的学习能力。就像孩子们经常在课外所参加的钢琴培训、画画培训、英语辅导、写作辅导等课程一样，能力导向的训练课程，也是需要长期进行的。因为如果仅仅是三五天地学习一下，只能学到方法，而无法形成习惯、成为持久提升的能力。想想看，像打乒乓球那样简单的动作，都需要经过好几年的训练，才能成为出色的乒乓球手。学习能力的训练，不仅更复杂、而且对整个人生的发展更有用，因此值得投入更多的时间来进行。

能力训练的重点，是进行长期的系统训练。以每周训练一次、每次90分钟左右的教学形式来安排的话，每一种能力训练课程，至少应该持续训练两年以上。如果是从小学二年级开始训练的话，最好能够一直训练到八年级左右——当然，并不是说每个课程都需要训练这么长时间，而是可以根据孩子的具体情况进行穿插训练。

能力导向的记忆力训练课程，主要训练的是图像记忆能力和清晰想象能力，可以按照不同的阶段来设计训练内容。

第一阶段，主要是基本方法的讲解，同时进行基础的词语记忆、圆周率记忆、曼陀罗卡等相关训练。这个阶段的课程，主要是熟悉基本方法，可以按照每周一次的形式来进行，也可以在两天之内集中讲完。

第二阶段，主要是诗词记忆、现代文记忆、无规律数字记忆以及空间想象训练等。

第三阶段，主要是抽象词语记忆、长篇诗词记忆，以及数字的快速记忆训练。

第四阶段，以长篇诗词记忆和古文名篇记忆为主。

第五阶段以后，就是以国学经典精选和古文名篇的记忆为主了。

以上第一个阶段主要是熟悉基本的方法，可以根据情况设置为10~16周（每周90分钟左右）或者是2~3天的训练内容。从第二阶段开始，就需要进入长期训练的模式了，每个阶段可以设置16周左右（每周90分钟左右）。到了第五个阶段以后，孩子们有了一定程度的国学经典记忆训练，基本上就能养成非常牢固的图像记忆习惯了，这时，不仅记忆力会有质的飞跃，注意力、理解力、想象力等相关学习能力也会有很大的提高。

第五个阶段以后，如果孩子还没有到初三或高三，学习还不是那么紧张，最好能继续参加训练。虽然到了一定程度之后，孩子们已经有了自我训练的能力，但定期到培训机构去训练，总会比自己在家训练要好一些。就像读书，在学校里有氛围，比较容易静下心来读书，但如果自己在家的话，可能就会被各种事情干扰，而无法充分利用时间。同时，继续通过记忆训练而积累大量的国学经典和传统文化内容，对孩子的全方位成长，都会有很大的好处。

如果目标对象是小学高年级甚至初中学生的话，考虑到他们在学习上的运用主要以古文记忆为难点，所以从第二阶段开始就可以融入更多的古文记忆内容，这个是可以灵活进行调整的。对于比较复杂的现代文或古文记忆，还需要运用到思维导图或者关键词学习法来进行配合。

通过以上的训练，在提升记忆力的同时，要帮助孩子们养成一些重要的习惯，例如，主动想象、闭目学习、动笔画图、及时复习等。有了良好的习惯，才能让方法越用越熟练，能力越来越强大。

要真正持久稳固地提升记忆力，一定要进行长期的训练才行，而短期的培训可以作为补充。两天左右的课程，以方法讲解为主，配合基础的训练，让孩子们对记忆方法有初步的熟悉，然后转入长期的持续训练。

7天左右的特训营，可以与学校的教学内容进行相对紧密的结合，让孩子们初步体会到高效学习的乐趣，明白学习是有方法的、能力是可以提高的，增强学习的自信心，以后有合适的机会再进行长期的持续训练。

如果是初中或高中以上的孩子，有了一定的自学能力，在短期的培训课程中，还是可以学到不少好方法的。如果对这些方法有兴趣，回到学校中能继续琢磨运用，把其中某些方法好好地用出来，慢慢养成习惯，也能够对学习有很大的帮助。

0~6岁的早期教育

人们对信息吸收的能力，往往是在婴幼儿期进行开发效果最明显。例如音乐天赋——对音阶的辨认、艺术天赋——绘画舞蹈等、跳水和球类等运动天赋，还有语言天赋等。这些能力如果在小的时候能够得到锻炼，那么就会有明显的提高。如果错过了敏感期，许多能力就很难得到发挥。

例如对语言的学习，我们甚至还是一个胎儿的时候，就开始接收母语信息了，刚生出来，还不会讲话，大人们就在我们耳朵旁不停地说。这个时候我们耳朵的接收能力是非常强的，可以灵敏地分辨出各种语音语调。这个时候是语言学习的敏感期。基本上，正常的人都没有错过母语学习的敏感期，所以每个人的母语都掌握得很好。然而，等到我们上了小学、甚至上了初中再来学习另一门语言——

"英语"的时候，我们就已经错过了语言学习的敏感期，所以会学得非常吃力，而且基本上无论怎么说，都很难说得标准了。更要命的是，我们在学校里学的基本上都是哑巴英语，听得少、又缺乏说的机会，违背了语言学习的基本规律，因此付出了大量的心力却很难学好。

很多家长把婴幼儿阶段的小孩看成长身体的阶段，以为让他吃饱睡好、少生病就完成任务了。事实上，他们忽略了，婴幼儿阶段的小孩，长得最快的不是身体，而是大脑。孩子出生时脑重量约为370克，这大约是成年人脑重量的28%（成年人脑重量约为1350克）；到满一岁的时候，婴儿脑重约为成人脑重的60%；到满3岁的时候，婴儿脑重就占到了成年人脑重的80%；到7岁的时候，孩子的脑重量就差不多接近成年人脑重量了。

然而，孩子身体的重量，要到10岁的时候才达到成年人的50%。相比之下，0~3岁这个阶段，婴幼儿大脑发育的速度可以说是惊人的。婴幼儿阶段，大脑增长这么快，目的是什么呢？毫无疑问，这当然是为了吸收大量信息作准备的。换句话说，婴幼儿阶段、0~6岁阶段，孩子们具有非常强的信息吸收能力。在这个阶段，无论给予哪个方面的足够的信息刺激，都会为以后在这个方面的发展打下良好的基础。

那么，0~3岁，甚至0~6岁的这个阶段，能够给予孩子们什么信息刺激呢？

　　事实上，能够想到的各种活泼健康的信息都可以。可以是眼睛看的，例如识字阅读，或者建筑风景名画等，又或者各种其他知识（如动植物、地理、物品等）。可以是耳朵听的，例如古典音乐，母语、外语等。可以是嘴巴尝的，倒不是说把各种山珍海味塞到孩子的肚子里，而是说这个时候是培养味觉能力的关键。品酒师也好、美食家也好，他们的味觉之所以比普通人灵敏，这跟婴幼儿时期尝试过丰富的味道是有关系的。也可以是鼻子闻的，长大之后嗅觉能力的差异也跟婴幼儿时期有很大关系。甚至可以是通过皮肤触摸的，例如洋娃娃、各种手工玩具等。

　　中国的"早教之父"冯老（冯德全）认为，孩子的成长发展过程中，各种能力是有着"最佳期"（也可以称为"敏感期"）的，抓住最佳期来进行适当的教育，对孩子未来的发展会有很大的帮助。孩子在4个月前是五官训练的最佳期，6个月前是手脑协调动作的最佳期，8个月前是学习爬行的最佳期。2岁以前是说话发展最佳期，3岁以前是阅读识字最佳期，4岁以前是数概念发展最佳期，5岁以前是音乐乐器学习最佳期，6岁以前是外语学习最佳期。如果在最佳期的时候，能够进行相应的培养，那么，孩子的各种能力就能够得到很大的发展。相反，如果错过了最佳期，到长大之后想要发展这些能力就比较困难了。

　　对于大多数孩子而言，2岁以前的最佳期基本上都没有错过，因此走路、说话（母语）等能力都得到了充分的发展。然而，很可惜的是，大部分家长等到孩子会走路、会说话之后，就以为万事大吉了，以为除了吃饭、睡觉、长身体之外，就没有其他重要的事情可做了。

事实上，还有一个非常重要的事情被大部分家长忽略了，那就是：早期识字阅读。很多家长觉得，识字阅读这种事情，反正以后在学校里会教的，不必那么早就让孩子掌握，不如让他们高高兴兴尽情地玩、过一个无忧无虑的童年。

家长们的这种想法，看起来似乎合情合理、无可挑剔，然而，忽略了几个非常重要的事情。

首先，玩泥巴、在地上打滚、看电视这些是玩，难道识字阅读就不是玩？把学习当成负担的家长，难道从来就没有体会过学习和阅读的乐趣吗？自由、开心、满足好奇心的学习和阅读，不仅是很好玩的事情，而且更有意义。

其次，3岁以前的孩子，大脑的发育速度远比身体要快得多。大脑在不断发展的过程中，渴望得到更多新鲜信息的刺激，不希望局限在一个小房子或几个单调的玩具里。这个时候是识字阅读的敏感期，如果能够认识很多字，可以接触许多新鲜知识、接受各种丰富的刺激，应当会更符合大脑发展的需求。

想想看，孩子每天睁开眼睛、吃饱一餐之后，难道就只是为了无所事事地等待下一餐和下一次睡眠？我们难道没有发现孩子们对这个世界充满着无穷无尽的好奇心？我们难道没有看出他们是多么渴望对这个世界有更多的了解？

最后，许多家长忽略了，孩子在早期养成的习惯，将会让他们受益终生。一个孩子，如果从小能够养成阅读的习惯，那么，长大入学之后，就不必担心他会厌学、不爱学习。

早期识字阅读，并不是把小学的教学内容提前，而是让孩子在快乐中识字，在快乐中培养良好的阅读兴趣。这是在合适的时候做合适的事情。人不怕没有能力，就怕没有兴趣，许多人长大之后之所以一事无成，关键就是没有养成健康向上的兴趣爱好。

在孩子小的时候，他没有太多其他的爱好，也没有许多稀奇古怪的事情来吸引他的注意力，所以，他很容易就能够培养起热爱读书、热爱知识的习惯。然而，如果等到他进入学校、会跑会跳会看电视会玩电脑游戏之后，再想来培养他阅读的兴趣，估计就比较难了。而且，学校里的学习已经被机械的灌输和无休止的考试弄得毫无乐趣，大部分孩子一提到学习就头疼，那个时候再想培养阅读和学习的兴趣，就是难上加难了。

因此，我们应当在孩子3岁之前，抓住孩子识字阅读的最佳时期，帮助孩子多识字，培养热爱阅读和喜欢学习的习惯，这对于孩子未来的健康发展，将会有很大的好处。

有些家长会觉得，孩子小的时候，最重要的事情是培养良好的性格，识字学习是在其次。这样的观点也是正确的。然而，识字阅读跟性格培养其实没有任何冲突，相反会有相辅相成的效果，事实上，对孩子进行识字阅读的培养，也花不了多少时间。因此，作为家长，应当重视对孩子进行早期识字阅读的教育。

　　早期教育，是以最佳期的能力训练、识字阅读以及性格培养等方面为主，虽然跟记忆力训练属于不同的范畴，但对于孩子的健康成长也是非常重要的，值得家长认真重视。经过早期教育的孩子，如果长大一点之后，能进一步接受记忆力等学习能力的系统训练，效果自然会更加出色。

四大教育

孩了的成长过程中，应该要接受四大方面的教育：知识教育、能力教育、兴趣教育、心灵教育。

知识教育

主要包括基础知识（中小学所教的语数外等科目）、专业知识（大专院校所教的专业科目、工作相关的知识），还有其他知识（与人生各方面相关的种种知识，例如生物知识、天文地理、历史人文等）。

能力教育

主要包括学习能力（记忆力、阅读力等）、工作能力（与工作相关的组织能力、管理能力和专业技能等），还有其他能力（与人生各方面相关的种种能力，例如表达能力、沟通能力、运动能力等）。

兴趣教育

主要包括学习兴趣（想要学习某些方面知识的兴趣）、能力兴趣（想要发展艺术、体育、活动等各方面能力的兴趣）、事业兴趣（人生某方面持久发展的兴趣）等。

心灵教育

主要包括情绪管理、如何做人、各方面的价值观等。

这四个方面的教育，大部分内容都需要在中小学以前开始进行，而在目前早期教育（从胎儿期到小学前）不够系统的情况下，这些内容主要都需要依靠中小学来进行。然而，很可惜的是，目前的中小学教育过分强调了基础知识教育，而忽略了更为重要的能力教育、兴趣教育和心灵教育。

对一个孩子的全面发展和顺利成长来说，基础知识是很重要，但不应该占大部分的比重。知识教育的部分，除了基础知识之外，应该广泛了解各种天文地理、历史人文等知识，拓宽知识面。

除了知识之外，许多能力是需要从小开始进行培养的，长大之后就来不及了，或者缺乏训练机会了。例如记忆力、想象力等学习能力，这些对未来一辈子的学习都很重要；而组织管理能力、表达沟通能力等，对于未来的工作和人际关系都是很重要的。对孩子的教育，不仅应该教给他们丰富的知识，更应该全面系统地训练他们的各种能力。

　　兴趣教育对于孩子整个人生的发展，也是非常重要的。然而，目前学校的教育过分注重语数外等基础学科的考试分数，反而在很大程度上压抑了孩子良好学习兴趣的发展。一个人是否能取得大的成就，跟学校的考试成绩其实并没有直接的关联，而是跟他的学习兴趣有很大关系。一个人如果对某个领域有持久的兴趣，就会把更多的时间和精力投注在那个领域，也会获得更多的灵感，然后就会取得比较大的成就。所以，通过兴趣教育，让每个孩子都能逐渐发现自己的内在兴趣，通过兴趣来引导自己深入学习、不断成长，从而取得更大的成就、对社会有更大的贡献。

　　心灵教育就是教导孩子做人的道理，这其实是人生最重要的教育内容，比前面的三个教育都重要。关于怎样做人，虽然是跟家庭的教育有非常大的关系，但考虑到许多家庭不一定能够做得很好，所以学校也应当承担起心灵教育的重担。可惜的是，目前的学校教学大部分时间用于教导基础知识，而忽略了孩子心灵的培育。更严重的是，目前的教育体制反而对孩子们的心灵成长常常起到了负面的作用。

　　以记忆力和想象力训练为核心的学习能力训练，不仅强调了对孩子们的能力教育，而且，在训练的过程中能够帮助孩子们积累各方面的广泛知识，对于学校的知识教育是一个很好的补充。

　　更重要的是，这些学习能力训练，跟学校的填鸭式教学不同，是在充分调动孩子们学习兴趣的前提下进行的，让孩子们充分体会到学习的乐趣，明白学习也是可以变得很有趣、很好玩的，从而对学习充满更大的热情，成为一个热爱学习、热爱生活的人。

当孩子们对学习有更大的热情、更大的兴趣，养成了很好的学习观念和学习态度，这对于保持孩子们轻松、愉悦的心态，也会有很好的帮助。而且，记忆力训练中的国学经典内容，对于引导孩子们养成良好的人生观和价值观、明白做人的道理，会有很大的帮助，这就起到了良好的心灵教育效果。

因此，对孩子进行持续的记忆力训练、学习能力训练，对孩子成长的巨大帮助，不仅仅反映在学习成绩上，更重要的是，在知识教育、能力教育、兴趣教育、心灵教育等各方面，都会有很好的帮助。这对孩子未来的整个人生，都会产生持久而深刻的影响，让孩子们成长为有爱心、对生活充满热情、善于充分发挥自身潜能、为社会发展作出巨大贡献的人才。

常见问题解答

1. 天才儿童需要进行记忆力训练吗？

答：人们天生的记忆力是存在一定差异的，就像每个人生下来会有高矮胖瘦的差异那样，所以，有些人天生的记忆力会比较好。不过，一般来说，觉得自己天生记忆力比较好的，通常是指声音记忆能力。然而，声音记忆力是一种被动使用的记忆力，是会随着年龄增长而下降的，很多人到了成年之后，声音记忆能力就有了大幅的下降。因此，为了让我们能够长期保持出色的记忆力，我们应当主动地训练图像记忆力或者其他各种记忆力。

同时，我们知道，图像记忆主要是训练我们的想象力，这对提升我们的注意力、理解力、思维力、创造力等学习能力都有很大的好处。因此，即使天生记忆力很好，也很有必要进行系统的记忆力训练。

2．孩子从几岁开始进行记忆力训练比较好？

答：图像记忆，是要主动运用想象力的，需要孩子有一定的理解能力以及主动思考能力，所以，系统的记忆力训练，一般是针对小学二年级以上的孩子。目前市面上有不少早教机构或者右脑培训机构，更多是针对0~6岁孩子的培训，里面也含有一些简单的记忆力训练内容，但主要是依托冯德全早教理论、杜曼闪卡理论、七田真右脑理论等来进行综合训练，并非主要针对记忆力。

0~6岁的孩子，是有很多优势能力的，也应当给予系统的培育，早期教育如果能做好的话，孩子长大之后的发展就会更省心。

3．记忆力训练多久之后会有效果？

答：如果说掌握简单的记忆方法，应付一些简单的记忆材料（例如无规律的词语、简短文章等），这会有立竿见影的效果。如果要体现在学习成绩的进步上的话，根据我们的经验，通常经过两个阶段左右的训练，多数孩子在一两门科目上就会有进步。至于要获得巩固的效果、要想成绩全面进步，则需要4~5个阶段以上的训练才行。

4．小孩很小的时候就开始诵读国学经典，还有必要进行记忆力训练吗？

答：现在有越来越多的家长认识到国学经典的重要性，许多小孩从很小（幼儿园阶段）就开始进行国学经典诵读，到上小学的时候，就已经记住了许多的经典，这是一个很好的事情。

孩子小时候的诵读，基本上是运用声音记忆来进行的，由于这个阶段的声音记忆能力非常出色，所以记忆效率也相当不错。然而，由于主动想象能力没有得到锻炼，而声音记忆能力会逐渐衰退，所以，到了小学初中之后，背东西就会觉得越来越吃力。

所以，从孩子长远人生发展的角度考虑，很有必要接受图像记忆的训练，养成主动运用清晰想象力的习惯，进一步调动学习潜能，收获精彩人生。

5．诗词本来就很容易记，有必要用记忆方法吗？

答：孩子们在学校课本中所接触到的诗词，基本上都是比较简短的，然而，这不代表所有诗词都是简短的。事实上，历朝历代有很多长篇的诗词，然而担心孩子们可能背不下来，所以学校的语文课本都不敢选录。

事实上，许多长篇的诗词都是非常值得学习和记忆的。例如《三国演义》结尾的长诗，概括了整个三国演义的过程，共364个字，这首诗很有意义，记住它的话，对于三国演义就有了总体的了解。如果用死记硬背的方法，不知道要多长时间才记得下来。然而如果能熟练地运用图像记忆的方法，大概一两个小时就能牢牢地记住，甚至可以随便抽问。《西游记》里面的长篇诗词就更多了，如果没有掌握很好的记忆方法，大概是无法鼓起信心去记的。

另外，运用图像记忆的方法来记诗词，不仅可以记得快、记得牢，更重要的是，能够通过想象力的主动运用，而全面调动我们的学习能力，这样的效果是死记硬背所无法做到的。

6. 用记忆法来记忆经典或古诗词，会不会误解甚至曲解原文的意思？

答：我们在进行记忆的时候，为了要更好地发挥想象力，常常会想出许多与原文意思毫不相干的画面或场景。然而，对原文的理解和记忆，是可以分开的。我们完全可以先正确理解原文意思之后，再发挥想象力来记忆。或者，有一些比较难理解的，我们可以先记住，然后慢慢进行深入的领悟和理解。记忆的时候用方法，理解的时候则依据原文，两者并不冲突，所以不必担心会对原文的内涵造成误解。

7. 孩子背单词的速度已经很快了，还有没有必要用图像记忆方法？

答：对于背单词来说，有两点是很重要的，一个是背得快，另一个是记得牢。相比较而言，记得牢其实更加重要。因为很多人背单词是比较快，但忘得更快，今天背的单词，明天就会忘掉一大半。

图像记忆方法最大的作用，是让我们记得牢、不容易忘记。当然，刚开始运用记忆方法的时候，由于不够熟练，所以记忆的速度是比较慢的，但只要发挥了生动的想象，这些单词就不容易忘记了。随着孩子对记忆方法的运用越来越灵活，记忆速度自然也会越来越快。

当然，如果孩子用自己的方法，单词记得又快又牢，根本就不存在背单词的问题，那么，倒也没有必要刻意用记忆方法去记，顺其自然就好。

8．记忆力训练对数学等理科是否有帮助？

答：理科的科目中，除了数学和物理的记忆成分少一些，化学和生物都是需要大量记忆的，所以，记忆方法能派得上用场。

另外，根据我们长期的教学实践发现，我们在教记忆方法的时候，虽然并没有讲数学的学习方法，但是，许多孩子的数学成绩会有明显的上升，有时候比语文、英语的进步还明显。原因主要是两方面：一是想象力的训练，提升了空间想象能力，对于几何的学习以及应用题的解答，都会有帮助；二是记忆力训练的同时，提升了孩子的注意力、理解能力等相关学习能力，因此对数学的学习有了明显的帮助。

初高中的孩子，如果配合运用关键词学习法、思维导图等方法的话，对各科的学习都会有很大的帮助。在我们多年的教学中，不少孩子各科的成绩都有着明显的提高，在班上或者年级上的排名都有惊人的进步。

9．家长怎样给孩子进行记忆力训练？

答：如果家长在家里给孩子进行记忆力训练的话，那么，家长要掌握并熟练运用图像记忆的原理，引导孩子发挥想象力来进行记忆。训练孩子记忆力的主要材料可以用一些诗词（包括历朝历代的、短篇长篇的）、古文经典。

如果可能的话，在引导记忆的同时，可以给孩子讲解一下与记忆材料相关的故事、背景，或者引导孩子去阅读一些相关的历史人文资料。这样，就能够更好地调动孩子的学习兴趣，而且对于熏陶情感、培养情操也会有所帮助。

当孩子记住了一篇诗词或文章之后，要检验他（她）是否充分发挥想象力（图像记忆方法）来进行记忆，有一个小小的技巧，就是让他（她）进行倒背，从最后一个句子倒背到第一个句子。如果能够顺利进行倒背，基本上是运用想象力来记忆的。

10. 记忆力训练达到什么程度之后就不需要继续训练了？

答：能力训练是无止境的，就像学钢琴，钢琴水平达到十级之后，是可以继续提升的。当然，达到一定程度之后，是否有必要继续训练，主要还得根据孩子的具体情况来作决定。

另外，记忆力以及相关的学习能力训练，不仅提升学习能力和学习成绩，而且对孩子的知识教育、能力教育、兴趣教育、心灵教育这4个人生发展的重要方面都有着积极而深远的影响，想想看，还有什么事情比记忆力训练更重要呢？

所以，从长远发展考虑，如果有时间、有精力、有条件，记忆力训练一直持续到孩子读高二、高三，都是可以的。等孩子读大学之后，并非就不需要记忆力训练了，而是这个时候他完全可以根据自己的意愿来记忆更多的知识和经典。这种自我训练，可以贯穿整个人生。